AF391141

A. BAUJOIN
Directeur d'École publique à Paris

et

J. VINCENT
Professeur de Mathématiques

Arithmétique des Écoles

(Système métrique, Géométrie)

A L'USAGE

DES ÉCOLES PRIMAIRES ET DES CLASSES CORRESPONDANTES

DES LYCÉES ET COLLÈGES

COURS ÉLÉMENTAIRE

RÉSOLUTION DES PROBLÈMES
enseignée à l'aide
de nombreux Types de Solutions

PARIS

LIBRAIRIE GEDALGE ET Cie

75, RUE DES SAINTS-PÈRES, 75

AVIS AUX MAITRES

Le nouveau Cours d'arithmétique que nous présentons aux instituteurs répondra, croyons-nous, aux besoins actuels de l'école primaire.

Chaçun des trois manuels qui le composent est divisé en dix séries correspondant aux dix mois de l'année scolaire, et chacune des séries comprend les leçons successives d'arithmétique et de système métrique avec les notions de géométrie indispensables pour passer à l'étude de la mesure des longueurs, des surfaces et des volumes. Les exercices de calcul et les problèmes en nombre plus que suffisant suivent immédiatement les explications théoriques et les règles dont ils sont l'application.

En même temps et pour préparer les élèves à l'intelligence des combinaisons et des formes variées que peuvent offrir les questions usuelles et celles qui sont données dans les examens, nous avons présenté graduellement des types de ces questions avec leurs solutions, en les faisant suivre de quelques problèmes analogues.

L'exposé du système métrique et la notation abrégée des diverses mesures sont, dans les trois cours, conformes aux prescriptions du décret du 28 juillet 1903.

Cours élémentaire. — Il est désirable que le livre d'arithmétique destiné aux plus jeunes élèves soit par son aspect, par la disposition de son contenu, par la variété et la grosseur de ses caractères, aussi clair, aussi attrayant que possible. Nous avons cherché, par des figures et des vignettes, à rendre plus saisissables les notions relatives à la numération, aux quatre règles et aux mesures du système métrique.

Une large place a été attribuée, comme il convient, aux exercices de comptage ou de calcul mental qui doivent toujours précéder et fortifier la pratique des opérations écrites, et nous nous sommes attachés à trouver des problèmes familiers, courts et exacts dans leurs énoncés.

Les problèmes-types sont, naturellement, peu nombreux dans le cours élémentaire ; mais dans chacune des séries mensuelles, les premières questions et celles qui pourraient embarrasser les débutants sont accompagnées d'indications en petit texte qui aideront l'élève à trouver la réponse.

Tel qu'il est, notre manuel suffira pleinement aux deux années que les écoliers passent au Cours élémentaire, et l'instituteur ou l'institutrice y trouveront aisément les leçons et les exercices qui conviennent pour l'une ou pour l'autre année.

DIVISION MENSUELLE

DES MATIÈRES DU PROGRAMME DU COURS ÉLÉMENTAIRE

ET

TABLE DES MATIÈRES

COURS ÉLÉMENTAIRE

Arithmétique

A l'école maternelle ou dans la famille l'enfant a déjà acquis la notion du nombre et peut, en général, compter au moins jusqu'à vingt.

NUMÉRATION ET COMPTAGE

1. L'*unité* est *un* des objets que l'on compte.

EXEMPLE : Si on compte une somme en francs, l'unité est **un franc.**

Si on veut évaluer en mètres la longueur d'un mur, l'unité est **un mètre.**

On **compte** des objets pour en connaître le *nombre*.

2. Un *nombre* est la collection de plusieurs unités. L'unité, elle-même, est un nombre.

Trois chiens.

Cinq oiseaux.

Trois, cinq, sont des nombres.

3. Le *calcul* est l'art de se servir des nombres.

4. L'*arithmétique* est la science des nombres et du calcul.

5. La **numération** est la partie de l'arithmétique qui apprend à exprimer et à écrire les nombres.

6. On exprime les nombres à l'aide des mots : *un, deux, trois, quatre, cinq, six, sept, huit, neuf, dix, vingt, trente, quarante, cinquante, soixante, cent, mille, million*, etc.

7. On écrit les nombres à l'aide des **chiffres** :

0,   1,   2,   3,   4,   5,   6,   7,   8,   9.

zéro, un, deux, trois, quatre, cinq. six, sept, huit, neuf.

LES NEUF PREMIERS NOMBRES

8. En comptant par unités, les premiers nombres sont :

un			*un*	qu'on écrit	**1**
un	plus *un*		ou *deux*	» »	**2**
deux	plus *un*		ou *trois*	» »	**3**
trois	plus *un*		ou *quatre*	» »	**4**
quatre	plus *un*		ou *cinq*	» »	**5**
cinq	plus *un*		ou *six*	» »	**6**
six	plus *un*		ou *sept*	» »	**7**
sept	plus *un*		ou *huit*	» »	**8**
huit	plus *un*		ou *neuf*	» »	**9**

Un garçon.

Deux fillettes.

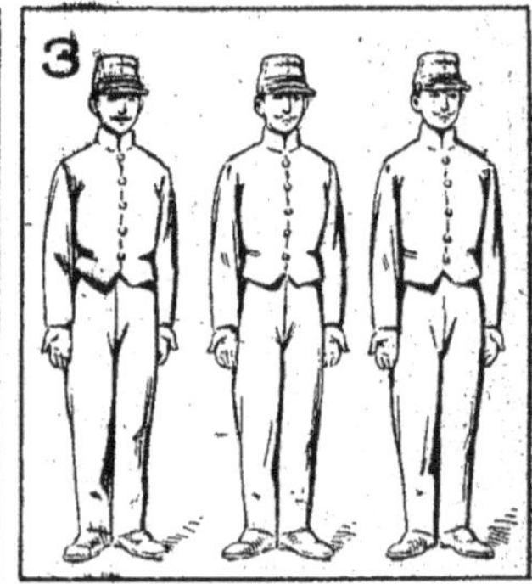

Trois soldats.

Un banc a *quatre* pieds.

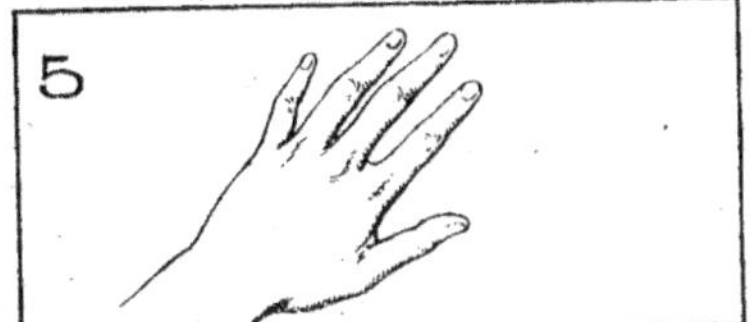

Une main a *cinq* doigts.

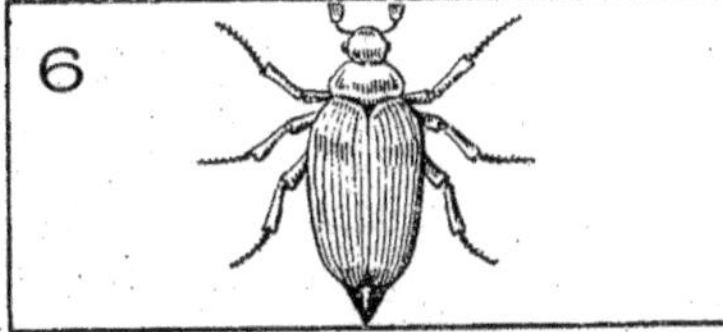

Un hanneton a *six* pattes.

7 Lundi.   Vendredi.
  Mardi.   Samedi.
  Mercredi.   Dimanche.
  Jeudi.

Les *sept* jours de la semaine.

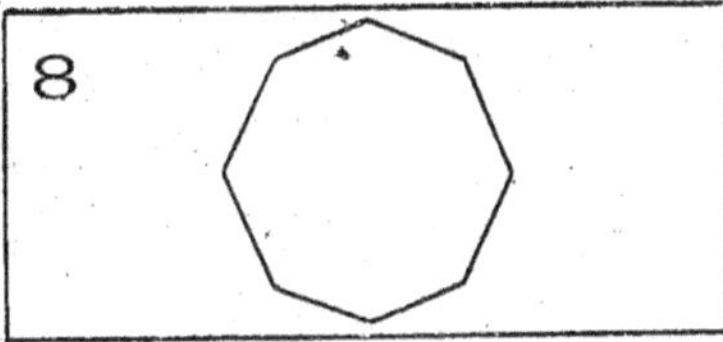

Un octogone : figure à *huit* côtés.

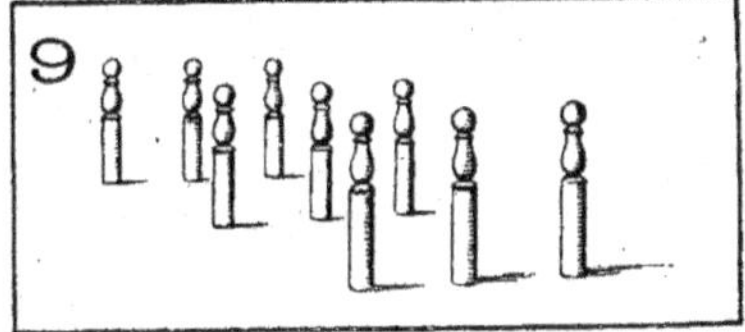

Neuf quilles.

1.   EXERCICES ORAUX

Combien de chats ?

Combien de pommes ?

Combien de poissons ?

Combien de souris ?

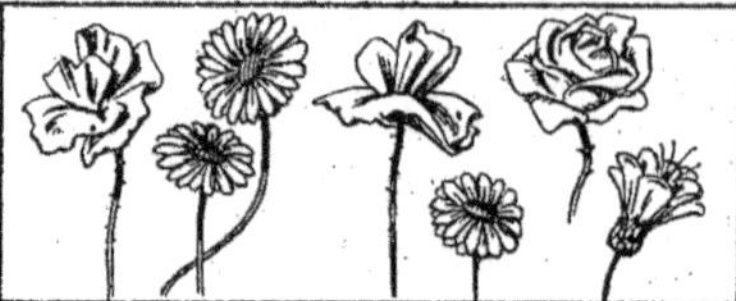

Combien de fleurs ?

Combien de bouteilles ?

Combien de verres ?

Combien de melons ?

Combien de lapins ?

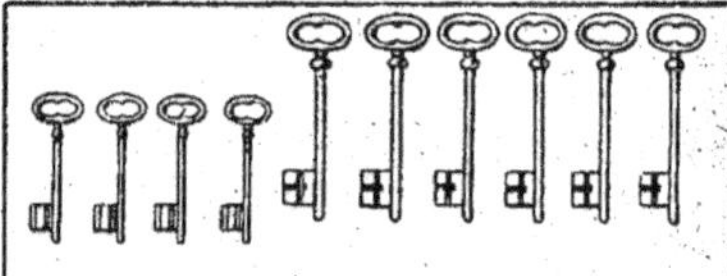

Combien de grosses et de petites clefs ?

LES DIZAINES

9. *Neuf* unités plus *une* unité ●●●●●●●●● ●
font un nouveau nombre appelé **dix**.

Exemple :

Dans nos deux mains nous avons *dix* doigts.

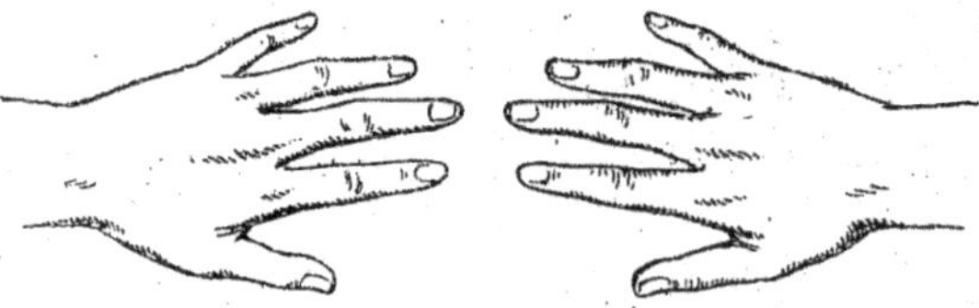

Dix unités forment une **dizaine**.

On compte par dizaines comme on a compté par unités simples.

On écrit les dizaines à l'aide des mêmes chiffres : **1, 2, 3, 4, 5, 6, 7, 8, 9,** qu'on fait suivre d'un *zéro*.

Ainsi :

une dizaine (1 fois 10)		ou *dix*	qu'on écrit	**10**
deux dizaines (2 fois 10)		ou *vingt*	» »	**20**
trois dizaines (3 fois 10)	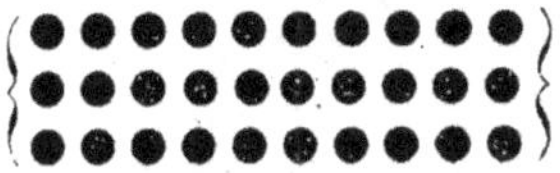	ou *trente*	» »	**30**
quatre dizaines (4 fois 10)	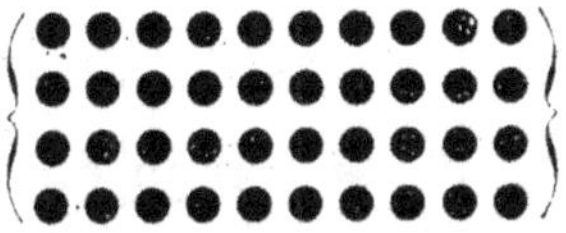	ou *quarante*	»	**40**
cinq dizaines (5 fois 10)	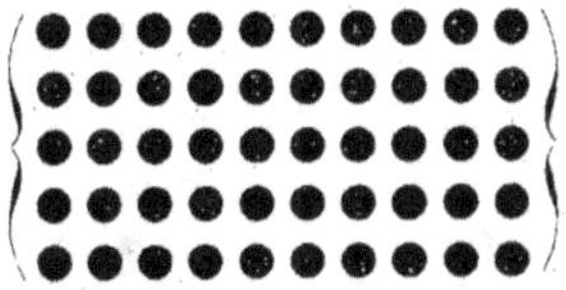	ou *cinquante*	»	**50**
six dizaines (6 fois 10)	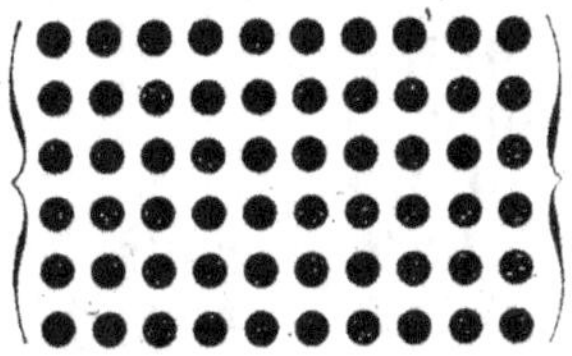	ou *soixante*	»	**60**
sept dizaines (7 fois 10)	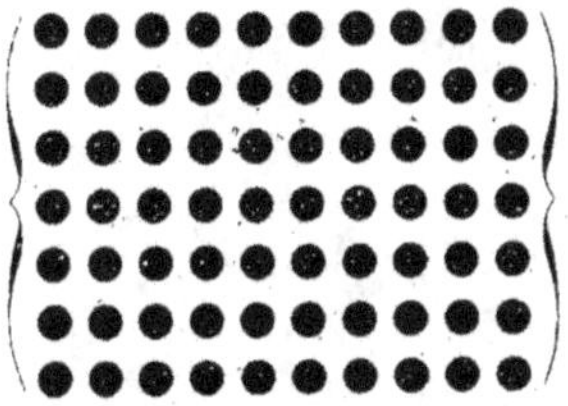	ou *soixante-dix*	»	**70**
huit dizaines (8 fois 10)	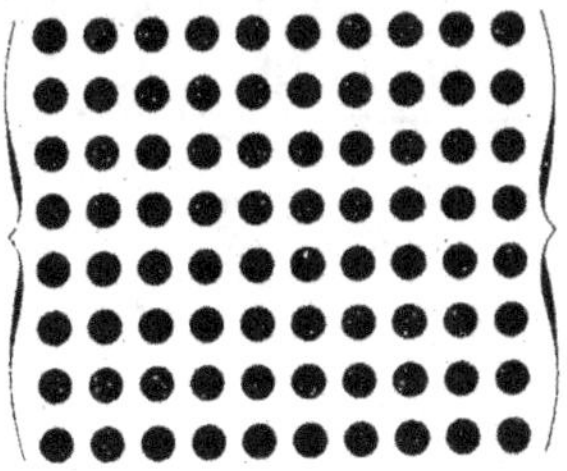	ou *quatre-vingts*	»	**80**

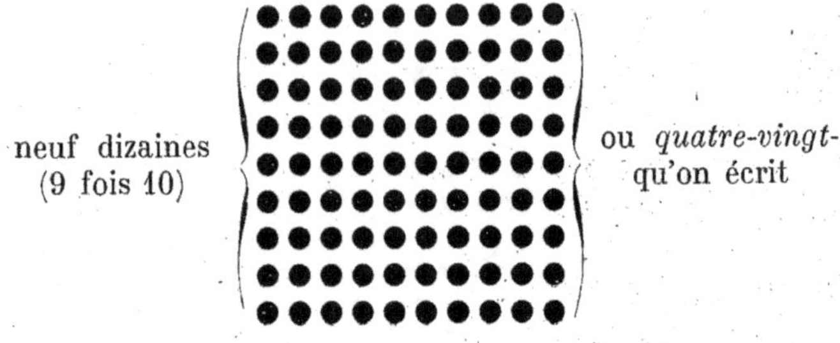

neuf dizaines
(9 fois 10) ou *quatre-vingt-dix*
qu'on écrit **90**

LES NOMBRES DE DIX A VINGT

10. En comptant par unités de dix jusqu'à vingt, on a :

dix	‖‖‖‖‖	ou *dix*	qu'on écrit		**10**
dix plus *un*	‖‖‖‖‖ I	ou *onze*	»	»	**11**
dix plus *deux*	‖‖‖‖‖ II	ou *douze*	»	»	**12**
dix plus *trois*	‖‖‖‖‖ III	ou *treize*	»	»	**13**
dix plus *quatre*	‖‖‖‖‖ IIII	ou *quatorze*	»	»	**14**
dix plus *cinq*	‖‖‖‖‖ IIIII	ou *quinze*	»	»	**15**
dix plus *six*	‖‖‖‖‖ IIIIII	ou *seize*	»	»	**16**
dix plus *sept*	‖‖‖‖‖ IIIIIII	ou *dix-sept*	»	»	**17**
dix plus *huit*	‖‖‖‖‖ IIIIIIII	ou *dix-huit*	»	»	**18**
dix plus *neuf*	‖‖‖‖‖ IIIIIIIII	ou *dix-neuf*	»	»	**19**
dix plus *dix*	‖‖‖‖‖ IIIIIIIIII	ou *vingt*	»	»	**20**

EXERCICES ORAUX

2. Dire les nombres figurés ci-après :

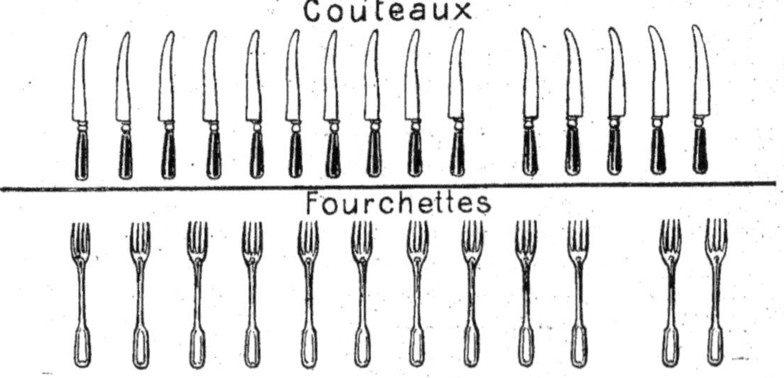

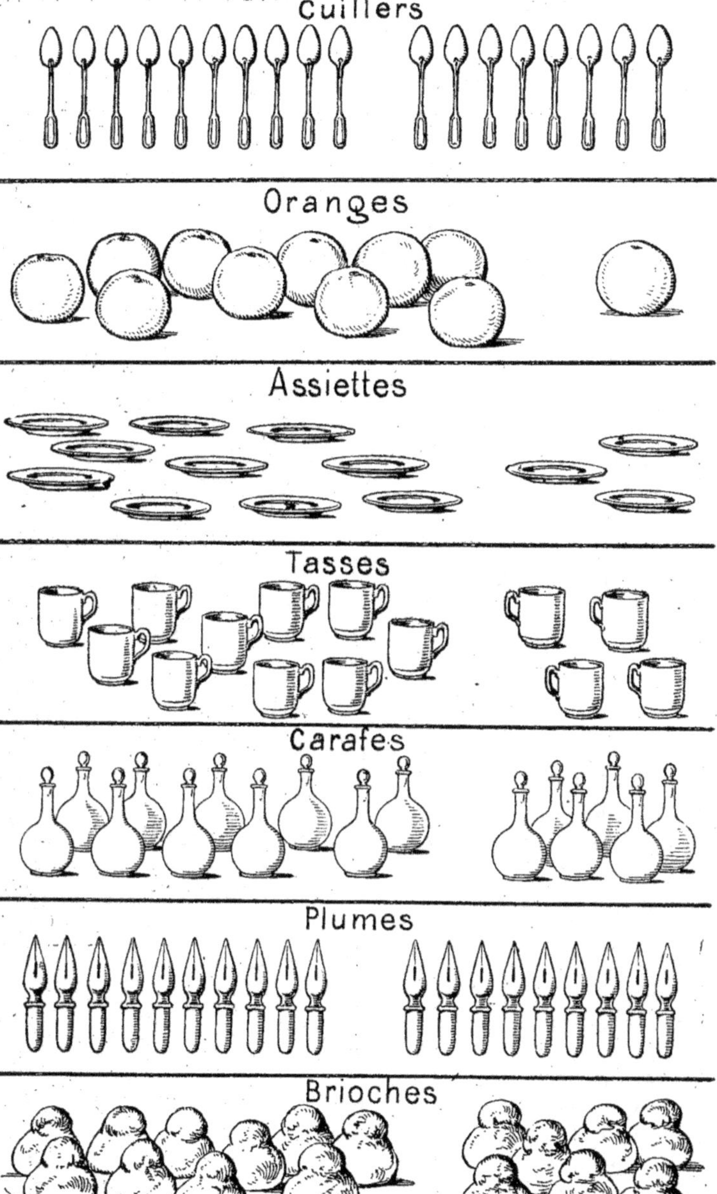

Cuillers
Oranges
Assiettes
Tasses
Carafes
Plumes
Brioches

3. Désigner par un seul nombre les groupes :

(**10**) et III   (**10**) et I   (**10**) et II

(**10**) et IIIII   (**10**) et IIIIII   (**10**) et IIIIIII

(**10**) et IIIIIII   (**10**) et IIII   (**10**) et IIIIIIII

LES NOMBRES DE VINGT A CENT

11. En comptant par unités de vingt à trente, puis de trente à quarante, etc., on dit et on écrit :

Vingt	20	*Cinquante*	50
Vingt et un	21	Cinquante et un	51
Vingt-deux	22	Cinquante-deux	52
Vingt-trois	23	Cinquante-trois	53
Vingt-quatre	24	Cinquante-quatre	54
Vingt-cinq	25	Cinquante-cinq	55
Vingt-six	26	Cinquante-six	56
Vingt-sept	27	Cinquante-sept	57
Vingt-huit	28	Cinquante-huit	58
Vingt-neuf	29	Cinquante-neuf	59
Trente	30	*Soixante*	60
Trente et un	31	Soixante et un	61
Trente-deux	32	Soixante-deux	62
Trente-trois	33	Soixante-trois	63
Trente-quatre	34	Soixante-quatre	64
Trente-cinq	35	Soixante-cinq	65
Trente-six	36	Soixante-six	66
Trente-sept	37	Soixante-sept	67
Trente-huit	38	Soixante-huit	68
Trente-neuf	39	Soixante-neuf	69
Quarante	40	*Soixante-dix*	70
Quarante et un	41	Soixante et onze	71
Quarante-deux	42	Soixante-douze	72
Quarante-trois	43	Soixante-treize	73
Quarante-quatre	44	Soixante-quatorze	74
Quarante-cinq	45	Soixante-quinze	75
Quarante-six	46	Soixante-seize	76
Quarante-sept	47	Soixante-dix-sept	77
Quarante-huit	48	Soixante-dix-huit	78
Quarante-neuf	49	Soixante-dix-neuf	79

Quatre-vingts	80	*Quatre-vingt-dix*	90
Quatre-vingt-un	81	Quatre-vingt-onze	91
Quatre-vingt-deux	82	Quatre-vingt-douze	92
Quatre-vingt-trois	83	Quatre-vingt-treize	93
Quatre-vingt-quatre	84	Quatre-vingt-quatorze	94
Quatre-vingt-cinq	85	Quatre-vingt-quinze	95
Quatre-vingt-six	86	Quatre-vingt-seize	96
Quatre-vingt-sept	87	Quatre-vingt-dix-sept	97
Quatre-vingt-huit	88	Quatre-vingt-dix-huit	98
Quatre-vingt-neuf	89	Quatre-vingt-dix-neuf	99

EXERCICES DE COMPTAGE ORAL

4. Dire les nombres indiqués par les groupes ci-dessous :

(20) et IIIII   (50) et III   (70) et IIII

(30) et IIIIII   (60) et IIIIIIII   (80) et IIIIIIIII

(40) et I   (70) et II   (90) et IIIIIII

5. 1° 10 et 10 et 2   2° 20 et 10 et 1
        10 et 10 et 4   20 et 10 et 3
        10 et 10 et 6   30 et 10 et 5

6. 1° 30 et 10 et 8   2° 40 et 10 et 10 et 7
        30 et 10 et 6   50 et 10 et 10 et 5
        40 et 10 et 5   70 et 10 et 10 et 9

7. 1° Compter de 1 à 50 :   2° Compter de 51 à 100 :
        1, 2, 3, 4, 5, ...   51, 52, 53, 54, 55, ...

8. 1° Décompter de 50 à 1 :   2° Décompter de 100 à 50 :
        50, 49, 48, 47, ...   100, 99, 98, 97, 96, ...

9. Compter de 2 en 2 :
1° Ainsi :
    2, 4, 6, 8, 10, ..., jusqu'à 100.
2° Puis :
    1, 3, 5, 7, 9, ..., jusqu'à 101.

10. Décompter de 2 en 2 :
1° Ainsi :
    100, 98, 96, 94, ...
2° Puis :
    99, 97, 95, 93, ...

Nota. — Ces exercices devront être répétés plusieurs fois.

11. Combien font :

3 pommes	et 2 pommes ?	
4 poires	et 2 poires ?	
2 chats	et 2 chats ?	
5 lapins	et 2 lapins ?	
6 œufs	et 2 œufs ?	

12. Combien font :

5 billes	et 3 billes ?	
6 poules	et 4 poules ?	
8 boutons	et 2 boutons ?	
5 sous	et 3 sous ?	
7 moutons	et 5 moutons ?	

13. Dans une école, il y a 4 classes au premier étage et 3 classes au deuxième étage. Combien y a-t-il de classes en tout dans l'école ?

14. Un vigneron a dans sa cave 6 tonneaux de vin rouge et 4 tonneaux de vin blanc ; combien a-t-il en tout de tonneaux pleins ?

15. J'ai 5 sous et l'on m'en donne 3 ; combien en ai-je maintenant ?

16. Paul avait 9 billes ; il en a gagné 6 autres ; combien en a-t-il maintenant ?

17. Mon oncle a 3 chevaux blancs et 3 noirs ; combien a-t-il de chevaux en tout ?

18. J'ai dépensé hier 4 francs et aujourd'hui 6 francs ; combien ai-je dépensé en tout ?

19. Ma sœur a 5 sous, et j'ai 2 sous de plus qu'elle ; combien ai-je ?

20. Il y a 6 chaises dans ma salle à manger et 4 dans mon salon ; combien cela fait-il en tout, de chaises ?

21. Ma sœur a 12 aiguilles dans un étui et 6 dans un autre ; combien a-t-elle d'aiguilles en tout ?

22. Il y a dans une cage 2 serins et 2 serines. Chaque serine couve 3 œufs. Quand les petits seront éclos, combien cela fera-t-il en tout d'oiseaux ?

23. Un ouvrier a travaillé 6 jours cette semaine et 5 jours la semaine dernière ; combien lui doit-on de journées ?

24. Marie a dépensé 10 sous et il lui en reste encore 8 ; combien avait-elle d'abord ?

---

25. Combien font

5 chats	moins 3 chats ?	
7 francs	— 2 francs ?	
6 arbres	— 4 arbres ?	
8 canards	— 5 canards ?	
9 chaises	— 6 chaises ?	

26. Combien font :

10 pigeons	moins 5 pigeons ?	
12 assiettes	— 6 assiettes ?	
11 bœufs	— 4 bœufs ?	
15 verres	— 10 verres ?	
12 livres	— 8 livres ?	

27. 1° J'avais 10 francs ; j'en dépense 2 ; combien me reste-t-il ?

2° J'avais 20 francs ; j'en dépense 10 ; combien me reste-t-il ?

28. 1° Il y avait 9 pigeons sur le toit, 2 s'envolent ; combien en reste-t-il ?

2° 3 autres pigeons reviennent ; combien y en a-t-il maintenant ?

29. Léon avait 10 bons points, il en a perdu 5 ; combien en a-t-il encore ?

30. Mon père a gagné 7 francs, il a dépensé 5 francs ; combien lui reste-t-il ?

31. Mon cahier a 12 feuilles, j'en ai écrit 5 ; combien en ai-je encore à écrire ?

32. Il y a 15 bouteilles de vin dans un panier ; on en retire une par jour. Combien en reste-t-il au bout de 7 jours ?

33. Le fermier avait 19 moutons, il en vend 7 ; combien lui en reste-t-il ?

34. J'avais 9 francs ; je paie 5 francs que je dois ; combien ai-je encore ?

35. J'ai 9 plumes, j'en donne 3 à mon camarade ; combien en ai-je encore ?

36. Je dois 12 francs à mon cordonnier, et je lui donne 7 francs ; combien lui dois-je encore ?

REMARQUE.. — Pour abréger, au lieu d'écrire 5 *et* 2 ou 5 *plus* 2, etc., on écrit : 5 + 2.

Le signe + indique qu'il faut compter les unités du deuxième nombre avec les unités du premier.

37.	5 + 2 font... ?		**39.**	9 + 5 font... ?
	5 + 3 » ... ?			8 + 8 » ... ?
	4 + 4 » ... ?			7 + 8 » ... ?
	6 + 3 » ... ?			5 + 8 » ... ?
	8 + 4 » ... ?			9 + 6 » ... ?
38.	8 + 3 font... ?		**40.**	10 + 4 font... ?
	9 + 4 » ... ?			10 + 5 » ... ?
	6 + 5 » ... ?			10 + 7 » ... ?
	7 + 6 » ... ?			11 + 2 » ... ?
	8 + 5 » ... ?			12 + 5 » ... ?

41. 13 + 3 font...?
     15 + 4 » ...?
     14 + 5 » ...?
     16 + 4 » ...?
     15 + 5 » ...?

42. 17 + 5 font...?
     19 + 4 » ...?
     20 + 7 » ...?
     22 + 5 » ...?
     23 + 7 » ...?

43. 32 + 4 font...?
     85 + 5 » ...?
     38 + 6 » ...?
     48 + 6 » ...?
     52 + 8 » ...?

44. 63 + 7 font...?
     67 + 4 » ...?
     73 + 6 » ...?
     82 + 6 » ...?
     87 + 5 » . .?

REMARQUE: — Pour abréger, au lieu d'écrire 5 *moins* 3, etc., on écrit : 5 — 3, etc.

Le signe — indique qu'il faut décompter les unités du deuxième nombre des unités du premier.

45. 5 — 3 reste...?
     5 — 2 » ...?
     4 — 2 » ...?
     6 — 4 » ...?
     7 — 2 » ...?

46. 9 — 3 reste...?
     6 — 3 » ...?
     7 — 4 » ...?
     9 — 2 » ...?
     8 — 4 » ...?

47. 10 — 5 reste...?
     10 — 6 » ...?
     11 — 3 » ...?
     11 — 6 » ...?
     12 — 3 » ...?

48. 12 — 6 reste...?
     13 — 5 » ...?
     14 — 7 » ...?
     12 — 4 » ...?
     13 — 2 » ...?

49. 13 — 4 reste...?
     14 — 2 » ...?
     15 — 4 » ...?
     13 — 3 » ...?
     16 — 2 » ...?

50. 17 — 3 reste...?
     18 — 4 » ...?
     17 — 7 » ...?
     16 — 6 » ...?
     15 — 7 » ...?

51. 20 — 2 reste...?
     19 — 9 » ...?
     18 — 5 » ...?
     20 — 4 » ...?
     21 — 2 » ...?

52. 22 — 3 reste...?
     23 — 5 » ...?
     28 — 6 » ...?
     30 — 5 » ...?
     32 — 6 » ...?

53. Compter par 3 : de 3 à 99.
  Ainsi :
    3, 6, 9, 12, ... 99.

54. Compter par 3 : de 1 à 100.
  Ainsi :
    1, 4, 7, 10, ... 100.

55. Compter par 3 : de 2 à 101.
  Ainsi :
    2, 5, 8, 11, ... 101.

56. Décompter par 3 :
  1° de 30 à 0.
  Ainsi :
    30, 27, 24, ... 0.
  2° de 29 à 2.
  Ainsi :
    29, 26, 23, ... 2.
  3° de 28 à 1.
  Ainsi :
    28, 25, 22, ... 1.

57. Combien font : 2 sous et 2 sous et 2 sous ou 3 fois 2 sous?
                3 sous et 3 sous et 3 sous ou 3 fois 3 sous?
                4 fois 3 noix? 5 fois 3 noix?
                5 fois 4 sous? 6 fois 4 sous?

EXERCICES DE COMPTAGE ORAL OU ÉCRIT

Nota. — Quand on écrit des nombres en colonne verticale, il faut placer avec soin les unités sous les unités, les dizaines sous les dizaines, etc.

58. Écrire en cinq colonnes les nombres de 0, 1, ... à 50 :
  Ainsi :

0	10	20	30	40
1	11	21	31	41
2	12	etc.	etc.	etc.
3	13			
4	14			
5	15			
6	16			
7	17			
8	18			
9	19			

59. Ecrire en cinq colonnes les nombres de 51 à 100.

Ainsi :

51	64	71	81	91
52	62	72	82	92
etc.	etc.	etc.	etc.	etc.

60. Écrire les nombres :

de	4	à	20		de	68	à	84
de	23	à	40		de	80	à	96
de	51	à	66		de	86	à	101

Ainsi :

4, 5, 6, 7,... 20.

61. Décompter par écrit les nombres :

de	20	à	7		de	69	à	56
de	32	à	19		de	80	à	67
de	56	à	43		de	97	à	84

Écrire en chiffres, et bien au-dessous les uns des autres, les nombres :

62. douze,
dix-huit,
vingt-neuf,
trente-quatre,
quarante,
cinquante-deux,
cinquante-sept,
soixante-cinq,
soixante-huit,
soixante-douze,

63. trente-six,
quarante-neuf,
cinquante-six,
soixante-trois,
soixante-douze,
quatre-vingts,
quatre-vingt-deux,
quatre-vingt-cinq,
quatre-vingt-quinze,
quatre-vingt-dix-huit.

64. Ecrire en chiffres et en colonne :

deux dizaines et trois unités,
quatre dizaines et une unité,
cinq dizaines et six unités,
six dizaines et trois unités,
sept dizaines et deux unités,
huit dizaines et quatre unités.

Lire, ou écrire en toutes lettres les nombres :

65.

1° 13	2° 27		**66.** 1° 70	2° 58
18	73		82	44
26	31		47	87
35	54		81	49
19	59		46	98

67. Décomposer en dizaines et unités les nombres :

1°	12	2°	57
	17		62
	26		78
	38		84
	46		96

Ainsi :

12 ou 1 dizaine et 2 unités,
17 ou 1 dizaine et 7 unités.

68. Écrire en dix colonnes la suite des nombres de 2 en 2 jusqu'à 100. — Écrire 0 en tête de la 1re colonne.

Ainsi :

0	10	20	30	40	50	60	70	80	90
2	12	etc.	etc.	etc.	etc.	etc.	etc.	etc.	etc.
4	14								
6	16								
8	18								

69. Écrire en dix colonnes la suite des nombres de 2 en 2, de 1 à 99.

Ainsi :

1	11	21	31	41	51	61	71	81	91
3	13	etc.	etc.	etc.	etc.	etc.	etc.	etc.	etc.
5	15								
7	17								
9	19								

70. Écrire la suite des nombres de 10 en 10 :

de	10	à	100
de	1	à	91
de	3	à	93
de	6	à	96
de	8	à	98, etc.

Ainsi :

10	1	3	6	8	etc.
20	11	etc.	etc.	etc.	etc.
30	21				
40	31				
etc.	etc.				

LES NOMBRES DE CENT A MILLE

12. Quatre-vingt-dix-neuf unités plus une unité ou dix dizaines d'unités font un nombre nouveau appelé *cent*.

Cent unités ou dix dizaines d'unités forment une *centaine*.

On compte par centaines comme on a compté par unités simples et par dizaines.

On écrit les centaines à l'aide des mêmes chiffres : 1, 2, 3, 4, 5, 6, 7, 8, 9, qu'on place au troisième rang à partir de la droite en les faisant suivre de *deux zéros*.

Ainsi :

une centaine	ou	cent	100
deux centaines	ou	deux cents	200
trois centaines	ou	trois cents	300
quatre centaines	ou	quatre cents	400
cinq centaines	ou	cinq cents	500
six centaines	ou	six cents	600
sept centaines	ou	sept cents	700
huit centaines	ou	huit cents	800
neuf centaines	ou	neuf cents	900

En comptant par unités de cent jusqu'à deux cents, on dit et l'on écrit :

cent	100		cent dix	110
cent un	101		cent onze	111
cent deux	102		....	
cent trois	103		cent vingt	120
cent quatre	104		cent vingt et un	121
cent cinq	105		....	
cent six	106		cent trente	130
cent sept	107		cent trente et un	131
cent huit	108		....	
cent neuf	109		cent quatre-vingt-dix-neuf	199

Puis, de même :

deux cents	200	quatre cents	400
deux cent un	201	quatre cent un	401
deux cent deux	202	. . . .	
. . . .		neuf cents	900
trois cents	300	neuf cent un	901
trois cent un	301	. . . .	
. . . .			

jusqu'à : neuf cent quatre-vingt-dix-neuf   999

EXERCICES ORAUX

Exprimer par un seul nombre les groupes :

71.   dire :

100 et 7	*cent sept.*
200 et 9	*deux cent neuf.*
300 et 18	?
400, 20 et 8	?
500, 60 et 3	?
600, 60 et 15	?
400, 60 et 20	?

72.   dire :

400 et 70	*quatre cent soixante-dix.*
300, 70 et 3	*trois cent soixante-treize.*
500, 70 et 20	?
600, 80 et 4	?
700, 80 et 12	?
800, 90 et 9	?
800, 70 et 30	?

73. Compter par centaines   1° de 100 à 1 000
                                          2° de 125 à 1 025

74. Compter par 10   1° de 120 à 250
                                   2° de 105 à 245

75. Compter par 20   1° de 130 à 250
                                   2° de 175 à 315

76. Compter par 50   1° de 110 à 410
                                   2° de 120 à 420

EXERCICES ÉCRITS

Écrire les uns au-dessous des autres les nombres :

77.	de	102	à	127	**78.**	de	425	à	443
	de	168	à	185		de	499	à	520
	de	199	à	246		de	657	à	675
	de	256	à	270		de	725	à	740
	de	384	à	402		de	984	à	1 000.

Décompter et écrire les nombres :

79.	de	125	à	104		**80.**	de	372	à	351
	de	200	à	169			de	567	à	546
	de	211	à	190			de	409	à	388
	de	253	à	232			de	770	à	749
	de	295	à	274			de	945	à	924

Écrire en chiffres et les uns au-dessous des autres les nombres :

81. cent trois,
cent douze,
cent quinze,
cent dix-huit,
cent vingt et un.

82. cent trente-deux,
cent quarante-neuf,
deux cent soixante,
trois cent soixante-quinze,
sept cent soixante.

83. trois cent huit,
huit cent trente,
six cent soixante-douze,
sept cent dix.
neuf cent quatre-vingt-dix-huit.

Lire ou écrire en toutes lettres les nombres :

84.	1° 130	2° 480		**85.**	1° 120	2° 125
	200	520			315	219
	260	640			478	491
	320	760			739	780
	400	870			825	983

Recopier en colonnes, et par ordre de grandeur croissante, les nombres :

86.	1° 235	2° 175		**87.**	1° 532	2° 356
	604	475			703	422
	58	330			180	708
	620	309			901	365
	362	691			725	920

Décomposer en dizaines et unités les nombres :

88.	1° 75	2° 175		**89.**	1° 415	2° 429
	91	204			480	694
	107	270			603	775
	123	300			660	804
	160	328			592	928

90. Écrire en chiffres et en colonne :

> trois centaines et deux unités,
> cinq centaines et quatre dizaines,
> huit centaines sept dizaines et deux unités,
> dix-sept dizaines et neuf unités,
> trente-trois dizaines.

91. Écrire en chiffres et en colonne :

> quarante-cinq dizaines et huit unités,
> cinquante dizaines et huit unités,
> vingt-neuf dizaines et cinq unités,
> soixante-dix dizaines,
> quatre-vingt-deux dizaines et six unités,
> quatre-vingt-treize dizaines et une unité.

92. Écrire en cinq colonnes la suite des dizaines de 10 à 500. La première colonne commencera par 0.

93. Compter et écrire de 3 en 3 :

0	1	2
3	4	5
6	7	8
9	10	11
jusqu'à	jusqu'à	jusqu'à
102	100	101

NOTA. — Lorsque l'élève est embarrassé, il peut compter sur ses doigts; ainsi à la troisième colonne, par exemple, il dira, en comptant les 3 unités sur ses doigts : 2 et 1, 3... et 1, 4, et 1, 5..., etc.

Compter et écrire de 4 en 4 :

94.			**95.**		
0	1		2	3
4	5		6	7
8	9		10	11
jusqu'à	jusqu'à		jusqu'à	jusqu'à
100	101		102	103

96. Décompter et écrire de 2 en 2 et en dix colonnes la suite des nombres pairs de 100 à 2.

97. Décompter et écrire en dix colonnes la suite des nombres impairs de 99 à 1.

Compter et écrire de 5 en 5 :

98.	0	1	2	**99.**	3	4
	5	6	7		8	9
	10	11	12		13	14
	jusqu'à	jusqu'à	jusqu'à		jusqu'à	jusqu'à
	100	101	102		103	104

Compter et écrire de 20 en 20 :

100.	0	10	5	**101.**	4	15	12
	20	30	25		24	35	32
	40	50	45		44	55	52
	jusqu'à	jusqu'à	jusqu'à		jusqu'à	jusqu'à	jusqu'à
	200	210	205		204	195	192

Remarquer que le chiffre des unités ne change pas.

Compter et écrire de 30 en 30 :

102.	0	5	10	**103.**	15	20	25
	30	35	40		45	50	55
	60	65	70		75	80	85
	jusqu'à	jusqu'à	jusqu'à		jusqu'à	jusqu'à	jusqu'à
	240	245	250		255	260	295

Compter et écrire de 40 en 40 :

104.	0	10	20	**105.**	30	5	15
	40	50	60		70	45	55
	80	90	100		110	85	95
	jusqu'à	jusqu'à	jusqu'à		jusqu'à	jusqu'à	jusqu'à
	400	410	420		430	405	415

Compter et écrire de 50 en 50 :

106.	0	10	20	**107.**	30	40	5
	50	60	70		80	90	55
	100	110	120		130	140	105
	jusqu'à	jusqu'à	jusqu'à		jusqu'à	jusqu'à	jusqu'à
	450	410	420		430	440	405

LES NOMBRES DE MILLE A UN MILLIARD

13. Neuf cent quatre-vingt-dix-neuf unités plus une unité font un nouveau nombre appelé *mille*.

Mille unités ou *dix centaines* d'unités forment un *mille*.

On compte par mille comme on a compté par unités, de un mille jusqu'à neuf cent quatre-vingt-dix-neuf mille.

Ainsi :

mille	1 000	cent mille	100 000
deux mille	2 000	cent un mille	101 000
trois mille	3 000	cent deux mille	102 000
. . . .		. . . .	
dix mille	10 000	deux cent mille	200 000
onze mille	11 000	deux cent un mille	201 000
douze mille	12 000	. . . .	
. . . .		cinq cent mille	500 000
vingt mille	20 000	cinq cent un mille	501 000
vingt et un mille	21 000	. . . .	
. . . .		neuf cent mille	900 000
trente mille	30 000	neuf cent un mille	901 000
. . . .		. . . .	
quatre-vingt-dix mille	90 000		

jusqu'à neuf cent quatre-vingt-dix-neuf mille   999 000

En comptant par unités à partir de mille, on dit et l'on écrit :

mille	1 000	deux mille	2 000
mille un	1 001	deux mille un	2 001
mille deux	1 002	. . . .	
mille trois	1 003	trois mille	3 000
. . . .		. . . .	

jusqu'à : neuf mille neuf cent quatre-vingt-dix-neuf   9 999

Puis on dit et l'on écrit :

dix mille	10 000	onze mille	11 000
dix mille un	10 001	onze mille un	11 001
dix mille deux	10 002	onze mille deux	11 002
. . . .		. . . .	

jusqu'à : quatre-vingt-dix-neuf mille neuf cent quatre-vingt-dix-neuf   99 999

Puis :

cent mille	100 000
cent mille un	100 001
cent mille deux	100 002

jusqu'à : neuf cent quatre-vingt-dix-neuf mille neuf cent
quatre-vingt-dix-neuf   999 999

999 999 plus 1 unité ou mille fois
1000 unités font 1 *million*.....   1 000 000

Mille millions font 1 *billion* ou
1 *milliard*..................   1 000 000 000

14. Écriture et lecture des nombres.

Les unités simples   ou unités du 1ᵉʳ ordre ⎰ forment la classe
Les dizaines   d'unités ou unités du 2ᵉ ordre ⎱ des unités sim-
Les centaines d'unités ou unités du 3ᵉ ordre ⎱ ples.

Les mille   ou unités du 4ᵉ ordre ⎰ forment la
Les dizaines   de mille ou unités du 5ᵉ ordre ⎱ classe des
Les centaines de mille ou unités du 6ᵉ ordre ⎱ mille.

Les millions   ou unités du 7ᵉ ordre ⎰ forment la
Les dizaines   de millions ou unités du 8ᵉ ordre ⎱ classe des
Les centaines de millions ou unités du 9ᵉ ordre ⎱ millions.

15. Principe fondamental de la numération décimale.

Dans un nombre écrit en chiffres, tout chiffre placé à la gauche d'un autre représente des unités dix fois plus grandes. Le zéro remplace tout ordre d'unités qui manque.

Exemple :   Dans le nombre 23 568

le 8 exprime des unités simples; le 6 exprime des dizaines; le 5, des centaines; le 3, des mille, et le 2, des dizaines de mille.

16. *Pour écrire un nombre en chiffres, on écrit chacune de ses classes en commençant par la plus haute, et l'on remplace par un zéro tout ordre d'unités qui manque :*

Exemples : trois cent dix-huit unités   318
            cinq mille deux cent quatre unités   5 204
            dix-neuf mille unités   19 000
            quarante-cinq mille vingt-neuf unités   45 029

Nota : On sépare les classes par un petit espace.

17. *Pour lire un nombre écrit en chiffres, on le partage en tranches de trois chiffres, en commençant par la droite : la première tranche est la classe des unités simples ; la deuxième est celle des mille ; la troisième est celle des millions, etc. Alors, en commençant par la gauche, on énonce les tranches successives.*

Ainsi :

5 278 s'exprime : cinq mille deux cent soixante-dix-huit unités.
17 019   —   dix-sept mille dix-neuf unités.
120 604   —   cent vingt mille six cent quatre unités.

18. Un nombre qui ne renferme que des unités entières est un nombre **entier**.

19. *1° On rend un nombre entier 10, 100, 1 000... fois plus grand en écrivant 1, 2, 3 ... zéros à sa droite.*

EXEMPLE : Rendre **45** *cent* fois plus grand.

On écrit deux zéros à la droite de 45.

Réponse :   4 500.

2° On rend un nombre entier terminé par des zéros 10, 100, 1 000... fois plus petit en supprimant 1, 2, 3... zéros sur sa droite.

EXEMPLE : Rendre **5 600** *dix* fois plus petit.

On supprime un zéro sur la droite du nombre.

Réponse :   560.

EXERCICES ÉCRITS

108. Ecrire en chiffres les uns au-dessous des autres :

         mille deux cent quinze,
         mille cent cinquante,
         mille cinq cent trente-sept,
         mille neuf cent quatre-vingt-dix,
         deux mille cinq cent dix-sept.

109.   cinq mille quarante-deux,
         six mille neuf cent trois,
         sept mille six cent dix,
         huit mille sept cent vingt-quatre,
         neuf mille neuf cent quatre-vingt-deux.

Lire ou écrire en toutes lettres les nombres :

110.	1° 1 004	2° 1 157		**111.**	1° 2 402	2° 6 852
	1 058	1 204			3 008	7 004
	1 100	1 259			4 026	8 087
	1 106	1 783			5 089	9 404
	1 113	1 952			6 320	9 820

112. Décomposer en centaines, dizaines et unités, les nombres de l'exercice précédent.

113. Écrire en chiffres et en colonne :

> vingt-quatre centaines, six dizaines et quatre unités,
> cinq mille deux unités,
> six centaines et dix-sept unités,
> seize centaines et neuf unités,
> cinquante-six centaines et deux dizaines.

114. Écrire en chiffres et en colonne :

> soixante centaines,
> cinq cent dix dizaines et deux unités,
> sept cent dix-sept dizaines et cinq unités,
> six mille et vingt dizaines,
> neuf mille, deux centaines et quatre dizaines.

Lire, puis copier les nombres suivants :

115.	14 528		**116.**	25 404
	17 000			80 052
	30 459			6 004
	7 503			17 003
	42 096			92 604

117.	49 706		**118.**	351 090
	100 000			800 003
	200 800			768 002
	718 077			600 024
	519 008			989 971

119. 1° Indiquer combien chacun des vingt nombres précédents renferme de dizaines,

2° Combien chacun renferme de centaines,

3°   »   »   »   de mille,

4°   »   »   »   de dizaines de mille,

5°   »   »   »   de centaines de mille.

Répondre ainsi :

En 14528, il y a   1452 dizaines   et   8 unités,
                      145 centaines   et   28 unités,
                      14 mille   et   528 unités,
                      1 dizaine de mille et 4528 unités,

EXERCICES DE COMPTAGE ORAL OU ÉCRIT

Compter et exprimer par un seul nombre :

120.

5, 4 et 3 citrons.
8, 7 et 2 poires.
6, 5 et 4 prunes.
7, 8 et 1 cerises.
8, 3 et 4 oranges.

121.

5, 5 et 7 hommes.
8, 2 et 4 soldats.
8, 5 et 7 enfants.
1, 9 et 9 ouvriers.
8, 9 et 7 femmes.

122.

$2+4+5+9$ moutons.
$6+8+4+7$ chevaux.
$7+4+2+10$ bœufs.
$3+6+8+5$ chiens.
$6+2+4+6$ chats.

123.

$6+8+7+3$ assiettes.
$6+7+6+4$ bouteilles.
$5+9+2+7$ verres.
$5+9+8+5$ fourchettes.
$4+7+8+7$ cuillères.

124.

$10+4+5+7+2$ feuilles.
$6+8+6+2+2$ arbres.
$17+6+3+8+6$ roses.
$20+3+5+2+9$ haricots.
$17+4+3+4+8$ grains de blé.

125.

$10+10$ habits.
$20+20$ bonnets.
$30+30$ casquettes.
$40+40$ chapeaux.
$50+50$ pantalons.

126.

$20+10$ chemises.
$30+10$ gilets.
$30+20$ cravates.
$40+20$ paletots.
$50+30$ blouses.

127.

$13+10$ encriers.
$12+11$ bons points.
$23+11$ billes.
$35+10$ bons points.
$54+11$ porte-plume.

128.

$15+15$ rues.
$16+15$ pavés.
$22+23$ logements.
$35+34$ maisons.
$25+15$ fenêtres,

129.

$$10 + 10$$
$$11 + 11$$
$$12 + 12$$
$$13 + 13$$
$$14 + 14$$

130.

$$15 + 15$$
$$16 + 16$$
$$17 + 17$$
$$18 + 18$$
$$19 + 19$$

131.

$$11 + 10$$
$$12 + 10$$
$$12 + 11$$
$$13 + 10$$
$$13 + 12$$

132.

$$14 + 11$$
$$14 + 12$$
$$15 + 12$$
$$15 + 13$$
$$15 + 14$$

133.

$$16 + 11$$
$$16 + 14$$
$$17 + 10$$
$$17 + 13$$
$$17 + 15$$

134.

$$18 + 12$$
$$18 + 15$$
$$19 + 11$$
$$19 + 13$$
$$19 + 18$$

135.

$$20 + 11$$
$$25 + 13$$
$$25 + 15$$
$$28 + 12$$
$$24 + 16$$

136.

$$30 + 15$$
$$35 + 15$$
$$48 + 12$$
$$50 + 15$$
$$50 + 25$$

137.

De 5 francs	ôter 3 francs.
De 9 francs	ôter 4 francs.
De 10 centimes	ôter 5 centimes.
De 15 centimes	ôter 7 centimes.
De 12 sous	ôter 4 sous.

138.

De 7 billes	ôter 3 billes.
De 8 plumes	ôter 2 plumes.
De 11 cahiers	ôter 6 cahiers.
De 13 volumes	ôter 9 volumes.
De 16 images	ôter 8 images.

Nota. — Lorsque l'élève sera embarrassé, il pourra décompter sur ses doigts. Ainsi, à la 4e ligne, il dira, en décomptant de 7 unités sur les doigts : $15 - 1$, $14... - 1$, $13... - 1$, $12... - 1$, $11... - 1$, $10... - 1$, $9... - 1$, 8.

139.

$$(15 - 8) \text{ tableaux.}$$
$$(16 - 9) \text{ dessins.}$$
$$(14 - 8) \text{ jours.}$$
$$(16 - 9) \text{ heures.}$$
$$(17 - 8) \text{ minutes.}$$

140.

$$(13 - 11) \text{ voitures.}$$
$$(14 - 12) \text{ bâtons.}$$
$$(18 - 14) \text{ clous.}$$
$$(17 - 13) \text{ marteaux.}$$
$$(19 - 10) \text{ boîtes.}$$

141.

$$20 - 13 \text{ mètres.}$$
$$18 - 12 \text{ litres.}$$
$$22 - 14 \text{ grammes.}$$
$$22 - 11 \text{ francs.}$$
$$24 - 15 \text{ centimes.}$$

142.

$$100 - 3 \text{ kilomètres.}$$
$$60 - 4 \text{ kilogrammes}$$
$$45 - 5 \text{ hectolitres.}$$
$$30 - 8 \text{ décalitres.}$$
$$75 - 6 \text{ centimètres.}$$

143.

$$25 - 3 - 2$$
$$28 - 5 - 4$$
$$19 - 9 - 1$$
$$30 - 8 - 2$$
$$36 - 9 - 3$$

144.

$$41 - 7 - 7$$
$$48 - 9 - 5$$
$$56 - 7 - 5$$
$$60 - 5 - 6$$
$$84 - 8 - 5$$

145. 1º Combien font 13 francs et 5 francs?
    2º   »   » 12 francs et 10 francs?

146. 1º J'avais 24 cerises et l'on m'en donne 5; combien en ai-je maintenant?

2º Si l'on m'en donnait encore 5, combien en aurais-je?

147. 1º J'ai dans ma poche droite 15 centimes et, dans ma poche gauche, 20 centimes. Combien ai-je en tout?

2º Si je mettais en plus 5 centimes dans chaque poche, combien cela ferait-il en tout?

148. 1º Pierre a fait 7 mètres de son ouvrage; il a encore 5 mètres à faire. Combien en avait-il à faire en tout?

2º Quand il en aura fait 4 mètres de plus, combien lui en restera-t-il à faire?

149. 1º Paul avait 20 sous; il en a dépensé 10; combien lui reste-t-il de sous?

2º S'il avait dépensé 15 sous, combien lui en resterait-il?

150. 1º Léon a 7 ans; quel âge aura-t-il dans 5 ans?

2º Quel âge aura-t-il dans 8 ans?

151. 1º Un paquet de crayons en contient 12; on en ôte 6. Combien en reste-t-il?
2º Si on en ôtait 7, combien en resterait-il?

152. 1º Jules a dépensé 9 sous et il en a perdu 3. Combien a-t-il de sous en moins?

2º Il avait 15 sous; après sa dépense et sa perte, combien lui reste-t-il?

153. 1º Paul a 3 ans de plus que son frère Louis, qui a 8 ans. Quel est l'âge de Paul?

2º Jacques a 7 ans; quel âge aura-t-il dans 8 ans?

154. Louis a prêté 7 billes à un camarade, 5 à un autre et 8 à un troisième. Il ne lui en reste plus. Combien avait-il de billes?

155. J'ai prêté 6 plumes à Jean; j'en ai cassé 2 mauvaises et il m'en reste 12. Combien en avais-je?

156. Léon a emprunté 17 francs à son voisin et il a reçu 17 francs de son père. Combien a-t-il de francs maintenant?

157. Mon rosier a 3 branches : sur la 1ʳᵉ, il y a 3 boutons; sur la 2ᵉ, 7 boutons; sur la 3ᵉ, 10 boutons. Combien puis-je espérer de roses?

158. Un fermier a 30 poules, 10 oies et 15 canards. Combien a-t-il de volailles en tout?

159. Un marchand a vendu 2 pantalons de chacun 20 franes et 2 paletots de chacun 40 francs. Compter combien il a reçu.

160. Dans une cuve, il y a 160 litres d'eau, et dans une autre il y en a 10 de moins; combien y a-t-il en tout de litres d'eau dans les deux cuves?

LES NOMBRES DÉCIMAUX

20. Quand l'unité est partagée en dix parties égales, chaque partie est un *dixième* de l'unité.

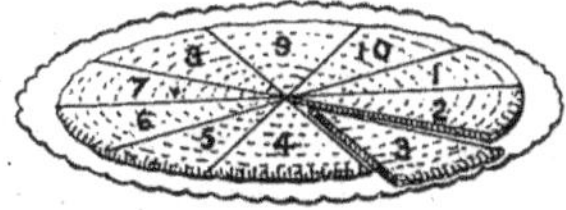

Chacun des morceaux de ce gâteau est un dixième du gâteau.

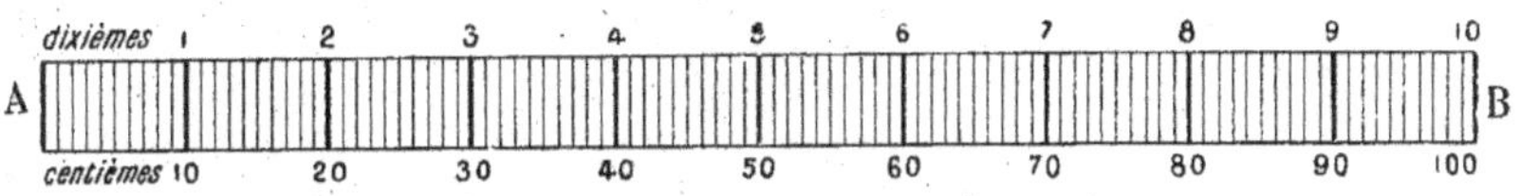

Une unité divisée en dixièmes et en centièmes.

Si on prend pour unité la longueur d'une règle A B et qu'on partage cette longueur en dix parties égales, chaque partie est un *dixième* de l'unité.

Si on partage ensuite chacune des divisions en dix parties égales, il y aura, dans la règle entière, dix fois 10 ou 100 parties égales, et chacune de ces parties sera un **centième** de l'unité.

Si, de même, on partageait chaque centième en dix parties égales, il y aurait, dans la règle entière, 100 fois 10 ou 1 000 parties égales, et chacune de ces parties serait un **millième** de l'unité.

21. Les dixièmes, les centièmes, les millièmes sont des **parties** ou **fractions décimales** de l'unité.

EXEMPLES : Pour mesurer les longueurs, on se sert d'une unité appelée *mètre* et, afin de pouvoir mesurer les petites dimensions, le mètre est divisé en dixièmes qu'on appelle *décimètres ;* en centièmes qu'on appelle centimètres, et quelquefois même en millièmes qu'on appelle *millimètres* (voir page 53).

Ainsi, le mètre vaut 10 décimètres, 100 centimètres, 1 000 millimètres, comme l'unité vaut 10 dixièmes, 100 centièmes, 1 000 millièmes.

Les décimètres, les centimètres, les millimètres sont des *fractions décimales* du mètre.

De même, la valeur de 1 franc est divisée en dixièmes qu'on appelle *décimes*, en centièmes, qu'on appelle *centimes*. Ainsi, le franc vaut 10 décimes ou 100 centimes.

1 franc (argent).   1 décime (bronze).   1 centime (bronze).

Il faut 10 décimes ou 100 centimes pour faire 1 franc.
Il faut 2 pièces de 50 centimes pour faire 1 franc.

Argent.

22. Un nombre qui contient des unités avec des dixièmes ou des centièmes ou des millièmes s'appelle un **nombre décimal**.

EXEMPLES :   3 unités 25 centièmes ;
                    5 mètres 8 décimètres ;
                    4 francs 50 centimes.

23. Pour écrire un nombre décimal, on écrit d'abord la partie entière, qu'on fait suivre d'une virgule, puis les dixièmes, les centièmes, les millièmes, etc., en remplaçant par un zéro tout ordre qui manque.

EXEMPLES :   2 unités 5 centièmes :   2, 05 ;
               7 francs 4 décimes : $7^f,4$;
               28 mètres 75 centimètres : $28^m,75$.

Si la partie entière est nulle, on la remplace par un zéro suivi d'une virgule.

EXEMPLES :   45 centièmes :   0, 45 ;
               35 centimes : $0^f,35$;
               8 décimètres : $0^m,8$.

24. Pour lire un nombre décimal, on énonce d'abord la partie entière, puis la partie à droite de la virgule, en ajoutant le nom de l'unité décimale du dernier chiffre.

EXEMPLES :   7, 5 :   7 unités 5 dixièmes.
                18, 04 :   18 unités 4 centièmes.
                0, 019 :   19 millièmes.

25. *On rend un nombre entier 10, 100, 1 000... fois plus grand en écrivant 1, 2, 3... zéros à sa droite.*

EXEMPLE : Rendre le nombre **48** *cent* fois plus grand.

On écrit deux zéros à sa droite.

Réponse : 4 800.

26. Un nombre décimal ne change pas de valeur quand on écrit ou quand on supprime des zéros sur sa droite.

EXEMPLES :   4,5   égale 4,50 ou 4,500
                16,420 égale 16,42.

27. *On rend un nombre décimal 10, 100, 1 000... fois plus grand en déplaçant la virgule de 1, 2, 3... rangs vers la droite.*

EXEMPLE : Rendre **6,285** *cent* fois plus grand.

Il faut déplacer la virgule de deux rangs vers la droite.

Réponse : 628,5.

Si le nombre décimal ne renferme pas assez de chiffres décimaux pour permettre le déplacement de la virgule, on en écrit autant qu'il est nécessaire pour que l'opération soit possible. On n'écrit pas la virgule quand elle ne doit être suivie d'aucun chiffre.

EXEMPLE : Rendre **6,28** *mille* fois plus grand.

Il faut déplacer la virgule de 3 rangs vers la droite et, pour cela, écrire d'abord un zéro à la suite du nombre donné.

Réponse : 6 280.

28. *On rend un nombre entier 10, 100, 1 000... fois plus petit en séparant par une virgule 1, 2, 3... chiffres décimaux sur sa droite.*

EXEMPLE : Rendre **628** *cent* fois plus petit.

Il faut séparer deux chiffres sur la droite du nombre.

Réponse : 6,28.

29. *On rend un nombre décimal 10, 100, 1 000 ... fois plus petit en déplaçant la virgule de 1, 2, 3 ... rangs vers la gauche.*

EXEMPLE : Rendre **6,28** *dix* fois plus petit.

Il faut déplacer la virgule d'un rang vers la gauche.

Réponse : 0,628.

La partie entière étant nulle, on écrit un zéro à gauche de la virgule.

Si le nombre proposé ne renferme pas assez de chiffres dans sa partie entière, on écrit à sa gauche autant de zéros que cela est nécessaire pour que l'opération soit possible.

EXEMPLE : Rendre **6,28** *mille* fois plus petit.

Il faut déplacer la virgule de 3 rangs vers la gauche et, pour cela, écrire en avant du nombre deux zéros avant d'écrire la virgule et le zéro qui remplacera les unités.

Réponse : 0,00628.

LES CHIFFRES ROMAINS

30. Les Romains employaient comme chiffres les lettres :

I,	V,	X,	L,	C,	D,	M.
valant : 1,	5,	10,	50,	100,	500,	1 000.

Tout signe placé à la droite d'un autre d'une valeur plus grande s'ajoutait à celui-ci.

Tout signe placé à la gauche d'un autre d'une valeur plus grande se retranchait de celui-ci.

On emploie encore les chiffres romains pour numéroter.

EXEMPLE : Nombres indiquant les heures sur les cadrans d'horloge :

I	II	III	IIII	V	VI	VII	VIII	IX	X	XI	XII.
1	2	3	4	5	6	7	8	9	10	11	12.

EXERCICES ORAUX OU ÉCRITS

161. 1º Combien 1 mètre vaut-il : 1º de décimètres ?
     »   »   2º de centimètres ?

162. Combien 1 franc vaut-il : 1º de décimes ?
     »   »   2º de centimes ?

163. 1º Combien 3 francs 25 centimes ⎫ font-ils de centimes ?
  2º »   7 francs 45 centimes ⎭

164. 1º Combien 2 francs 5 centimes font-ils de centimes ?
  2º »   3 mètres 9 centimètres font-ils de centimètres ?

165. 1º Combien 3 unités 4 dixièmes font-ils de dixièmes ?
  2º »   8 unités 7 centièmes » centièmes ?

166. Combien 64 mètres font-ils 1º de décimètres ?
   »   »   »   2º de centimètres ?

167. 1º Combien 100 décimètres font-ils de mètres ?
  2º »   450 centimes font-ils de francs ?

168. Compter : 1º 1 franc et 2 pièces de 10 centimes ;
      2º 1 franc et 2 pièces de 50 centimes ;
      3º 5 francs et 1 pièce de 25 centimes.

169. Compter et écrire de 5 en 5 centimes :

0^f,05	0^f,50	1^f,00
0^f,10	0^f,55	1^f,05
0^f,15	0^f,60	1^f,10
jusqu'à	jusqu'à	jusqu'à
0^f,50	1^f,00	1^f,50

170. Compter et écrire de 10 en 10 centimes :

0^f,10	0^f,80	2^f,00
0^f,20	0^f,90	2^f,10
0^f,30	1^f,00	2^f,20
jusqu'à	jusqu'à	jusqu'à
0^f,70	1^f,50	2^f,60

171. Compter et écrire de 20 en 20 centimes :

0^f,20	1^f,80	0^f,50
0^f,40	2^f,00	0^f,70
0^f,60	2^f,20	0^f,90
jusqu'à	jusqu'à	jusqu'à
1^f,60	3^f,00	1^f,70

172. Compter et écrire de 10 en 10 centimètres :

1^m,00	0^m,05	2^m,05
1^m,10	0^m,15	2^m,15
jusqu'à	jusqu'à	jusqu'à
1^m,60	1^m,65	3^m,65

173. Compter et écrire de 50 en 50 centimes :

0^f,50	0^f,25	3^f,10
1^f,00	0^f,75	3^f,60
jusqu'à	jusqu'à	jusqu'à
5^f,00	2^f,75	6^f,10

174. Combien 2 unités font-elles : 1° de dixièmes ?
2° de centièmes ?
3° de millièmes ?

Combien 5 dixièmes font-ils : 1° de centièmes ?
2° de millièmes ?

175. Dire combien il faut de dixièmes, puis de centièmes pour faire :

1° 5 unités ? 2° 10 unités ? 3° 15 unités ?

176. Dire combien il faut de dixièmes, puis de centièmes pour faire :

1° 10 unités? 2° 8 unités ? 3° 15 unités ?

177. 1° Combien y a-t-il de dixièmes dans 25 unités ? dans 1 520 unités ? dans 3 unités 7 dixièmes ?

2° Combien y a-t-il de centièmes dans 2,50 ? dans 8,75 ? dans 4,7 ?

178. Combien : 1° 30 dixièmes, 2° 500 centièmes font-ils d'unités ? 3° Combien 1 500 millièmes font-ils d'unités et de dixièmes ?

179. Compter et écrire en un seul nombre :

1° 4 unités 3 dixièmes et 5 centièmes ;
2° 3 dizaines 4 unités et 5 centièmes ;
3° 10 unités 25 centièmes ;
4° 0 unité 75 centièmes.

Mettre une virgule après les unités.

180. Écrire en chiffres :

1° 2 unités 4 dixièmes	2° 8 unités 50 centièmes
2 unités 4 centièmes	8 unités 25 centièmes
2 unités 4 millièmes	17 unités 8 centièmes

181. Lire les nombres :

1° 3,5	2° 20,35	3° 49,07
3,05	20,035	150,001
3,005	12,568	200,5

182. Rendre 10 fois, 100 fois, 1000 fois plus petit chacun des nombres :

1° 7 865	2° 789,3
419,5	1 560,25

183. Rendre 10 fois, 100 fois, 1000 fois plus grand chacun des nombres :

1° 0,03	2° 1,05	3° 52,4
0,25	3,25	68,003
0,340	11,085	8,056

184. Exprimer en unités et fractions décimales les nombres :

1° 52 dixièmes,	2° 2 928 centièmes,
329 dixièmes,	10 325 centièmes,
500 dixièmes,	3 620 millièmes,
350 centièmes.	28 400 millièmes.

185. On met bout à bout une planche de 2 mètres de long et 3 planches de chacune 0^m,50 de long. Quelle longueur totale cela fait-il ?

186. Pour payer 2 pigeons de 2 francs chacun et 2 côtelettes de 50 centimes chacune, quelle somme faut-il ?

187. Un sou, c'est 5 centimes.

1° Combien 10 sous font-ils de centimes ?
2° Combien 2 sous font-ils de centimes ?
3° Combien 20 sous font-ils de centimes ?

188. J'avais 3 pièces de 10 centimes et on m'en a donné autant ; dire en centimes combien j'ai maintenant.

189. Paul avait 1 franc ; il a donné 10 centimes à sa sœur ; combien lui reste-t-il ?

190. Un coupon de toile avait 5 mètres de long ; on en a coupé 4^m,50. Combien en reste-t-il ?

191. Ma mère a acheté 40 centimes de légumes et 1^f,50 de viande. Combien a-t-elle dépensé ?

192. J'ai acheté pour 3^f,50 de chocolat et 1 franc de café. Combien l'épicier doit-il me rendre sur une pièce de 5 francs ?

193. J'ai dépensé hier 50 centimes, et aujourd'hui 25 centimes de plus. Quelle est ma dépense de ces deux jours ?

194. Mon père gagne 7 francs par jour, et ma mère 2ᶠ,50 de moins. Combien gagne-t-elle ?

195. Louis avait une pièce de 1 franc ; il a acheté un livre de 60 centimes et 3 cahiers de 10 centimes. Combien lui reste-t-il ?

Compter et écrire de 6 en 6 :

196.	6	1	2	**197.**	3	4	5
	12	7	8		9	10	11
	18	13	14		15	16	17
	jusqu'à	jusqu'à	jusqu'à		jusqu'à	jusqu'à	jusqu'à
	102	103	104		105	100	101

Compter et écrire de 7 en 7 :

198.	0	1	2	**199.**	3	4	5
	7	8	9		10	11	12
	14	15	16		17	18	19
	jusqu'à	jusqu'à	jusqu'à		jusqu'à	jusqu'à	jusqu'à
	105	106	107		101	102	103

Compter et écrire de 8 en 8 :

200.	0	1	2	**201.**	3	4	5
	8	9	10		11	12	13
	16	17	18		19	20	21
	jusqu'à	jusqu'à	jusqu'à		jusqu'à	jusqu'à	jusqu'à
	104	105	106		107	108	109

Compter et écrire de 9 en 9 :

202.	0	1	2	**203.**	3	4	5
	9	10	11		12	13	14
	18	19	20		21	22	23
	jusqu'à	jusqu'à	jusqu'à		jusqu'à	jusqu'à	jusqu'à
	99	100	101		102	103	104

Compter et écrire de 12 en 12 :

204.	12	5	**205.**	8	9
	24	17		20	21
	36	29		32	33
	jusqu'à	jusqu'à		jusqu'à	jusqu'à
	108	101		104	105

Compter et écrire de 15 en 15 :

206.

15	5
30	20
45	35
jusqu'à	jusqu'à
105	110

207.

8	10
23	25
38	40
jusqu'à	jusqu'à
113	115

208. Décompter et écrire de 3 en 3 :

100	99	98
97	96	95
94	93	92
jusqu'à	jusqu'à	jusqu'à
1	0	2

209. Décompter et écrire de 4 en 4 :

100	103	102	104
96	99	98	97
92	95	94	93
jusqu'à	jusqu'à	jusqu'à	jusqu'à
0	3	2	1

Décompter et écrire de 5 en 5 :

210.

100	104	103
95	99	98
90	94	93
jusqu'à	jusqu'à	jusqu'à
0	4	3

211.

102	104
97	96
92	91
jusqu'à	jusqu'à
2	1

Décompter et écrire de 6 en 6 :

212.

100	105	104
94	99	98
88	93	92
jusqu'à	jusqu'à	jusqu'à
4	3	2

213.

103	102	101
97	96	95
91	90	89
jusqu'à	jusqu'à	jusqu'à
1	0	5

Décompter et écrire de 7 en 7 :

214.

100	106
93	99
86	92
jusqu'à	jusqu'à
2	1

215.

105	104
98	97
91	90
jusqu'à	jusqu'à
0	6

Décompter et écrire de 8 en 8 :

216. 100	107	**217.** 106	105
92	99	98	97
84	91	90	89
jusqu'à	jusqu'à	jusqu'à	jusqu'à
4	3	2	1

Décompter et écrire de 9 en 9 :

218. 100	108	**219.** 107	106
91	99	98	97
82	90	89	88
jusqu'à	jusqu'à	jusqu'à	jusqu'à
1	0	8	7

Décompter et écrire de 12 en 12 :

220. 100	103	**221.** 107	110
88	91	95	98
76	79	83	86
jusqu'à	jusqu'à	jusqu'à	jusqu'à
4	7	11	2

Décompter et écrire de 15 en 15 :

222. 100	105	**223.** 109	112
85	90	94	97
70	75	79	82
jusqu'à	jusqu'à	jusqu'à	jusqu'à
10	0	4	7

COMPTAGE ET DÉCOMPTAGE ORAL (REVISION)

224. Une maison de 2 étages a 5 fenêtres au rez-de-chaussée et 6 fenêtres à chacun des deux étages. Combien a-t-elle de fenêtres en tout ?

225. Un marchand achète un objet 10 francs ; il paie 1 franc de port, et il gagne 3 francs en le revendant. Quel est le prix de vente de l'objet ?

226. J'ai gagné hier 6 francs et aujourd'hui, le double. Combien ai-je gagné dans ces deux jours ?

227. Mon père s'est réveillé à 1 heure du matin ; il a dormi encore 4 heures, et il s'est levé 1 heure trop tôt. A quelle heure devait-il se lever ?

228. Eugénie avait 24 aiguilles ; elle en a acheté deux paquets de 10 chacun. Combien a-t-elle d'aiguilles maintenant ?

229. Emile a écrit ce matin 120 lignes et 80 ce soir ; il est à la moitié de sa tâche. Combien avait-il de lignes à écrire ?

230. Un fermier a 10 poules noires, autant de blanches et 7 grises. Combien en a-t-il en tout ?

231. Jacques a récolté 500 poires et 300 pommes. Combien a-t-il récolté de fruits en tout ?

232. Un ouvrier gagne : le lundi, 3 francs ; le mardi et le mercredi, 4 francs ; le jeudi et le vendredi, 5 francs, et le samedi, 2^f,50. Combien gagne-t-il dans sa semaine ?

233. Un domestique va en commission : il paie 25 francs au tailleur, 20 francs au cordonnier, 10 francs au médecin, et il rapporte 5 francs. Quelle somme avait-il emportée ?

234. En 1870, la France comptait 89 départements ; elle en a perdu 3 par la guerre avec l'Allemagne. Quel est le nombre actuel des départements français ?

235. Dans ma classe il y a 45 élèves ; dans la suivante, il y en a 7 de plus. Combien y a-t-il d'élèves dans les deux classes ?

236. Sur un abricotier, il y avait 29 abricots ; on en a cueilli 10. Combien en reste-t-il ?

237. L'âne vit en moyenne 25 ans ; le chat, 15 ans ; le chien, 13 ans. Dire combien d'années, en moyenne, l'âne vit de plus que le chat et que le chien.

238. Un homme qui avait 110 francs a acheté un meuble de 60 francs. Combien lui reste-t-il ?

239. 1° Si j'avais 5 francs de moins, je n'aurais que 15 francs. Combien ai-je ?

2° Si j'avais 5 francs de plus, j'aurais en tout 15 francs. Combien ai-je ?

240. Adolphe a mis dans sa tirelire deux pièces de 25 centimes et une pièce de 50 centimes. Combien a-t-il économisé ?

241. Un berger avait 30 moutons ; les loups en ont mangé 3 et il en a vendu 4. Combien lui en reste-t-il ?

242. J'ai acheté une paire de souliers de 14^f,50, sur le prix de laquelle j'ai payé 8^f,50. Que dois-je encore ?

243. J'ai acheté une montre de 45 francs. Combien me reste-t-il sur 50 francs que j'avais ?

244. Un jardinier avait un certain nombre de salades ; après en avoir vendu d'abord 10, puis 15, il lui en reste encore 5. Combien en avait-il d'abord?

245. A 200 mètres de ma maison, il y a une fontaine; à 200 mètres plus loin, il y a une colonne et, à 500 mètres de la colonne, il y a un jardin. Quelle distance y a-t-il de ma maison au jardin?

246. Je paye 8^f,50 que je devais, et il me reste encore autant. Combien avais-je ?

247. Un instituteur a 50 bons points; il en donne 2 à chacun de ses 14 meilleurs élèves. Combien a-t-il encore de bons points?

248. Une pièce de toile avait 42 mètres; le marchand en a coupé deux morceaux de chacun 6^m,50. Combien reste-t-il de mètres à la pièce?

249. J'ai 20 francs en or et 9 francs en argent. Pour acheter un paletot, il me manque encore 6 francs. Quel est le prix du paletot ?

250. Un commerçant a payé un jour 100 francs; le jour suivant, il a payé 100 francs de plus, et le 3e jour, encore 100 francs de plus que le 2e jour. Combien a-t-il payé dans les trois jours?

ADDITION ÉCRITE

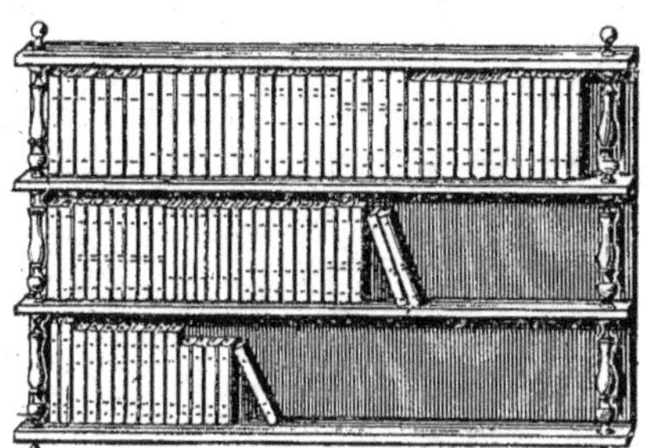

Sur le premier rayon de l'étagère, il y a 34 volumes, sur le deuxième rayon, il y en a 27 et, sur le troisième rayon, il y en a 15. On peut trouver le nombre total des volumes en les comptant les uns après les autres à partir de 34; mais on va bien plus vite à l'aide d'une *addition*, comme a fait la petite fille au tableau noir.

31. L'*addition* est une opération par laquelle on réunit plusieurs nombres en un seul. Le résultat s'appelle **somme** ou **total.**

En réunissant 34 volumes, 27 volumes et 15 volumes pour en faire la *somme*, qui est 76 volumes, on a fait une addition.

32. On indique l'addition par le signe **+** qu'on lit : *plus*.

Exemple : $9 + 4 + 7 =$ * $20.$

On lit : 9 *plus* 4 *plus* 7 égale 20.

ADDITION DES NOMBRES ENTIERS

33. **Additionner deux nombres d'un seul chiffre.**

Règle. On réunit les unités du deuxième nombre à celles du premier.

Exemple : $8 + 5.$

On dit : $8 + 1 + 1 + 1 + 1 + 1 = 13.$

---

* Le signe $=$ veut dire : égale.

NOTA : *Il faut savoir par cœur les totaux de deux nombres quelconques d'un seul chiffre. Les voici dans la table ci-dessous :*

34.   TABLE D'ADDITION

$1+1=2$	$4+1=5$	$7+1=8$
$1+2=3$	$4+2=6$	$7+2=9$
$1+3=4$	$4+3=7$	$7+3=10$
$1+4=5$	$4+4=8$	$7+4=11$
$1+5=6$	$4+5=9$	$7+5=12$
$1+6=7$	$4+6=10$	$7+6=13$
$1+7=8$	$4+7=11$	$7+7=14$
$1+8=9$	$4+8=12$	$7+8=15$
$1+9=10$	$4+9=13$	$7+9=16$
$2+1=3$	$5+1=6$	$8+1=9$
$2+2=4$	$5+2=7$	$8+2=10$
$2+3=5$	$5+3=8$	$8+3=11$
$2+4=6$	$5+4=9$	$8+4=12$
$2+5=7$	$5+5=10$	$8+5=13$
$2+6=8$	$5+6=11$	$8+6=14$
$2+7=9$	$5+7=12$	$8+7=15$
$2+8=10$	$5+8=13$	$8+8=16$
$2+9=11$	$5+9=14$	$8+9=17$
$3+1=4$	$6+1=7$	$9+1=10$
$3+2=5$	$6+2=8$	$9+2=11$
$3+3=6$	$6+3=9$	$9+3=12$
$3+4=7$	$6+4=10$	$9+4=13$
$3+5=8$	$6+5=11$	$9+5=14$
$3+6=9$	$6+6=12$	$9+6=15$
$3+7=10$	$6+7=13$	$9+7=16$
$3+8=11$	$6+8=14$	$9+8=17$
$3+9=12$	$6+9=15$	$9+9=18$

35. Additionner un nombre d'un seul chiffre avec un nombre de plusieurs chiffres.

Règle. *On réunit les unités du second aux unités du premier.*

EXEMPLE :   **45 + 8.**

On dit et l'on écrit : 45 et 8 font 53 ; on écrit 53.

Revenir sur les exercices de comptage n°s 37 et suivants.

36. Additionner des nombres entiers quelconques.

Règle générale. On écrit les nombres les uns sous les autres : les unités sous les unités, les dizaines sous les dizaines, les centaines sous les centaines, etc., et l'on fait un trait sous le dernier nombre.

Alors, on additionne les unités et si le total ne dépasse pas 9, on l'écrit en bas de la colonne des unités; s'il contient une ou plusieurs dizaines avec des unités, on écrit les unités et on retient les dizaines pour les reporter à la colonne des dizaines. On fait la somme des chiffres de cette deuxième colonne; on écrit les dizaines et on retient les centaines pour les reporter à la colonne des centaines. On fait de même jusqu'à la dernière colonne dont on écrit la somme tout entière.

Exemple :   **51 + 24 + 73.**

1° Addition sans *retenue* :

    51   1re colonne : On dit : 1 et 4, 5..., et 3, 8; j'écris 8.
    24   2e colonne : 5 et 2, 7..., et 7, 14; j'écris 14.
    73   *Somme :* 14 diz. et 8 unités ou 148 unités.

    148

Autre exemple :
                 86 + 35 + 27 + 48 + 64.

2° Addition avec *retenue* :

    86   1re colonne : On dit : 6 et 5, 11..., et 7, 18..., et 8, 26...,
    35   et 4, 30; j'écris 0 et je retiens 3 (diz.).
    27   2e colonne : 3 (diz.) de retenue et 8, 11..., et 3, 14..., et
    48   2, 16..., et 4, 20..., et 6, 26 ; j'écris 26.
    64   *Somme :* 26 diz. et 0 unité ou 260 unités.

    260

3° Autre exemple :
                 596 + 75 + 864.

          1re colonne : On dit : 6 + 5 + 4 = 15. On écrit 5 unités
               et l'on reporte 1 (dizaine) à la colonne des dizaines.
    596   2e colonne : 1 (de retenue) + 9 + 7 + 6 = 23. On écrit
    75   3 (dizaines) et l'on reporte 2 (centaines) à la colonne
    864   des centaines.

    1535 3e colonne : 2 (de retenue) + 5 + 8 = 15. On écrit 15.
              Somme : 15 cent. 3 diz. et 5 unités ou 1535 unités.

Dans la pratique, on ne dit pas les noms des unités placés entre parenthèses.

EXERCICES ORAUX OU ÉCRITS

Additionner :

251. 1° 34 + 25 noix. 2° 60 + 28 abricots.
252.   45 + 53 amandes. 29 + 70 figues.
253.   64 + 15 dattes. 60 + 40 citrons.
254.   53 + 54 choux. 75 + 33 melons.
255.   82 + 17 poireaux. 34 + 73 oignons.

256. 1° 20 + 30 2° 30 + 40 + 50 3° 75 + 25
257.   50 + 40 50 + 20 + 30 35 + 25
258.   60 + 50 60 + 120 + 20 45 + 20 + 15
259.   80 + 120 80 + 140 + 30 60 + 15 + 25
260. 150 + 150 90 + 50 + 60 85 + 25 + 40

EXERCICES ÉCRITS

261. 1° 78 + 14 chaises. 2° 48 + 35 fauteuils.
262.   63 + 28 lits. 59 + 36 lampes.
263.   68 + 28 bougies. 57 + 59 tonneaux.
264.   89 + 64 couteaux. 68 + 35 paires de souliers.
265.   94 + 38 torchons. 68 + 57 torchons.

266. 43 + 54 + 36 francs. 271. 34 + 47 + 56 francs.
267. 25 + 64 + 49 mètres. 272. 83 + 5 + 52 mètres.
268. 29 + 67 + 49 centimes. 273. 75 + 43 + 58 centimes.
269. 49 + 23 + 86 litres. 274. 37 + 29 + 55 litres.
270. 47 + 19 + 60 mesures. 275. 38 + 7 + 29 mesures.

276.   78 + 34 + 52 + 31 chevaux.
277.   52 + 19 + 37 + 9 mulets.
278.   49 + 63 + 25 + 47 ânes.
279.   56 + 34 + 86 + 66 bœufs.
280.   29 + 17 + 44 + 79 vaches.
281.   54 + 69 + 34 + 87 veaux.
282.   59 + 31 + 49 + 67 agneaux.
283.   34 + 17 + 6 + 9 chèvres.
284.   27 + 36 + 29 + 37 porcs.
285.   38 + 54 + 12 + 8 moutons.

286.   47 + 25 + 68 + 90 + 38 unités.
287.   35 + 17 + 69 + 40 + 45 »
288.   109 + 205 + 26 + 73 + 93 »

289.   257 + 329 + 17 + 25 + 302 unités.
290.   45 + 560 + 49 + 326 + 20   »
291.   732 + 47 + 32 + 68 + 109   »

292. 427 + 372 planches.
293. 613 + 537 gerbes.
294. 485 + 815 chênes.
295. 840 + 85 sacs.
296. 349 + 567 tablettes.

297. 725 + 68 fagots.
298. 489 + 328 bottes de foin.
299. 615 + 325 oliviers.
300. 384 + 59 caisses.
301. 925 + 19 arbres.

302. 83 + 256 + 437 Français.
303. 73 + 49 + 734 Allemands.
304. 117 + 409 + 25 Espagnols.
305. 819 + 325 + 75 Turcs.

306. 75 + 369 + 528 Anglais.
307. 329 + 84 + 732 Belges.
308. 386 + 292 + 704 Italiens.
309. 729 + 609 + 429 Russes.

310.   784 + 634 + 397 + 65 unités.
311.   982 + 943 + 871 + 25   »
312.   586 + 239 + 732 + 42   »
313.   78 + 356 + 919 + 56   »
314.   83 + 75 + 428 + 735   »
315.   680 + 942 + 954 + 720   »
316.   154 + 328 + 617 + 47   »

317.   629 + 6315 + 9426 + 6798 + 268 unités.
318.   2498 + 763 + 494 + 2291   »
319.   4329 + 7634 + 8392 + 75   »
320.   8792 + 277 + 4005 + 610   »
321.   6237 + 28 + 473 + 917   »
322.   4935 + 6323 + 6709 + 2360 + 86   »
323.   7249 + 6394 + 609 + 374 + 21705   »
324.   7391 + 247 + 653 + 5392 + 82071   »
325.   684 + 379 + 7352 + 83504 + 6915   »
326.   75 + 6359 + 307 + 29720 + 8634   »

PROBLÈMES SUR L'ADDITION

327. Une bobine de fil en contient 60 mètres; une autre bobine en contient 50 mètres. Quelle longueur totale de fil donnent les deux bobines?

Longueur totale : 60^m + 50^m.

328. Une pièce de drap a 65 mètres; une autre a 10 mètres de plus. Quelle est la longueur des deux pièces réunies?

C'est : 65^m + 65^m + 10^m.

329. Une armée compte 5 000 cavaliers et 2 000 fantassins de plus que de cavaliers. De combien de soldats se compose cette armée ?

L'armée se compose de : 5 000^s + (5 000^s + 2 000^s).

330. Un marchand achète d'abord 2 400 œufs, puis 600, puis encore 600. Combien en a-t-il en tout ?

331. Un cultivateur a trois champs : sur le premier il a récolté 250 gerbes de blé ; sur le 2ᵉ, 150 gerbes, et sur le 3ᵉ, 300 gerbes. Combien a-t-il récolté de gerbes en tout dans ses trois champs ?

332. Un industriel achète, au commencement de l'hiver, 180 sacs de charbon, puis une 2ᵉ fois, 120 sacs, puis une 3ᵉ fois, 50 sacs. Combien a-t-il acheté de sacs en tout ?

333. La colonne de la place Vendôme, à Paris, a 45 mètres de hauteur ; les tours de Notre-Dame ont 23 mètres de plus. Quelle est la hauteur de ces tours ?

334. Il y a, dans la 1ʳᵉ classe d'une école, 35 élèves ; dans la 2ᵉ, 38 ; dans la 3ᵉ, 48. Combien y a-t-il d'élèves en tout dans les trois classes ?

335. Un commerçant a vendu, le lundi, pour 175 francs de marchandises, le mardi, pour 190 francs et le mercredi, pour 150 francs. Quelle est sa recette totale pour les trois jours ?

336. Un patron a 3 trois ouvriers : le 1ᵉʳ a gagné dans la semaine 24 francs ; le 2ᵉ, 38 francs et le 3ᵉ, 36 francs. Quelle somme faut-il au patron pour faire sa paie ?

337. Un ouvrier dépense 21 francs par semaine et il met 1 franc de côté chaque jour. Combien gagne-t-il par semaine ?

338. On a mis dans un tonneau d'abord 125 litres de vin, puis encore 85 litres de vin, et l'on remplit avec 12 litres d'eau. Quelle est la contenance du tonneau ?

339. Un marchand a vendu 35 mètres de drap pour 296 francs et 28 mètres pour 224 francs. Combien a-t-il vendu de mètres et pour quelle somme ?

340. A raison de 1 franc le litre, combien paiera-t-on pour trois tonneaux qui contiennent : le 1ᵉʳ, 135 litres de vin ; le 2ᵉ, 225 litres, et le 3ᵉ, 200 litres ?

On paiera autant de francs qu'il y a de litres.

341. En revendant un cheval 735 francs, on perd 175 francs sur le prix d'achat. Combien l'avait-on payé ?

342. Un homme possède une maison qui vaut 15 920 francs, un terrain estimé 2 960 francs et 28 700 francs d'autres valeurs. Quelle est la fortune totale de ce propriétaire ?

ADDITION DES NOMBRES DÉCIMAUX

37. Règle. *L'addition des nombres décimaux se fait comme celle des nombres entiers.*

On écrit les nombres les uns sous les autres de manière que les chiffres qui représentent les unités de même ordre soient bien dans la même colonne, les unités sous les unités, les dixièmes sous les dixièmes, les centièmes sous les centièmes, etc. On additionne sans tenir compte des virgules, mais, le total fait, on écrit une virgule au-dessous des virgules des nombres additionnés.

EXEMPLE : Additionner : **3** unités **25** centièmes, **17** unités **8** dixièmes et **328** unités **46** millièmes.

Dans la 1re colonne, il n'y a que 6 millièmes au 3e nombre ; j'écris 6 au total.

$$3,25$$
$$17,8$$
$$328,046$$
$$\overline{349,096}$$

Dans la 2e colonne, il n'y a que 5 centièmes au 1er nombre et 4 centièmes au 3e nombre ; je dis 5 et 4, 9 ; j'écris 9.

A la colonne des dixièmes, je dis : 2 et 8, 10... et 0, 10 ; j'écris 0 et je retiens 1. Avant d'additionner les unités, je mets une virgule sous les virgules et je continue l'opération.

PREUVE DE L'ADDITION

38. La *preuve* d'une opération est une seconde opération que l'on fait pour s'assurer de l'exactitude de la première.

On fait la preuve d'une addition en la recomptant de bas en haut. On doit retrouver le même total

EXEMPLE :   **134 + 328 + 45.**

Opération :		*Preuve :*
134	On compte comme s'il y avait :	45
328		328
45		134
$\overline{507}$		$\overline{507}$

EXERCICES ÉCRITS

343. $0^m,85 \;+\; 0^m,35 \;+\; 0^m,50$

344. $1^m,60 \;+\; 2^m,50 \;+\; 3^m$

345. $3^m,70 \;+\; 2^m,65 \;+\; 10^m,25$

346.	$12^m,05$ +	$9^m,45$ +	$8^m,08$
347.	$39^f,25$ +	$7^f,5$ +	$0^f,65$
348.	$57^f,60$ +	$4^f,75$ +	$9^f,35$
349.	$109^m,2$ +	$43^m,86$ +	$21^m,05$
350.	$84^m,43$ +	$7^m,15$ +	$3^m,25$
351.	$235^f,40$ +	$82^f,35$ +	$19^f,08$
352.	$728^f,25$ +	$403^f,35$ +	$628^f,15$
353.	$68^f,19$ +	$620^f,14$ +	$375^f,40$
354.	$460^m,05$ +	$239^m,55$ +	$620^m,25$
355.	$47^m,70$ +	$43^m,80$ +	$572^m,95$
356.	$2390^m,25$ +	$365^m,45$ +	$678^m,05$

PROBLÈMES SUR L'ADDITION DES NOMBRES DÉCIMAUX

357. Ma mère a acheté $1^f,75$ de viande et $0^f,25$ de légumes. Combien a-t-elle dépensé ?

Elle a dépensé $1^f,75 + 0^f,25$.

358. J'ai dépensé hier $0^f,60$ et aujourd'hui $0^f,80$. Quelle est ma dépense de ces deux jours ?

359. Mon frère gagne $3^f,50$ par jour et mon père gagne 2 francs de plus que mon frère. Combien gagnent-ils ensemble ?

Ils gagnent ensemble $3^f,50 + 3^f,50 + 2^f$.

360. Julie achète $0^f,70$ de sucre, $0^f,80$ de chocolat et $0^f,20$ de sel. Combien doit-elle payer ?

361. Un tailleur a deux coupons d'étoffe : l'un de $3^m,25$ et l'autre de $2^m,50$. Quelle longueur totale font les deux coupons ?

362. Pour habiller son fils, une mère lui achète une jaquette de $17^f,50$, un pantalon de $9^f,50$, et un gilet de 6 francs. Combien a coûté l'habillement complet ?

363. Edouard achète les livres suivants :

une grammaire,	coûtant	$0^f,90$
une arithmétique,	—	$1^f,40$
une histoire,	—	$1^f,50$
une géographie,	—	$0^f,70$

Combien a-t-il à payer ?

364. Une fermière a vendu des œufs pour 14 francs, du beurre pour $23^f,60$, du fromage pour $6^f,50$, des fruits pour 13 francs, et des légumes pour $13^f,50$. Combien a-t-elle reçu ?

365. A quel prix faut-il revendre un fauteuil qui a coûté 37^f,50 pour gagner 12^f,50 ?

Il faut le revendre 12^f,50 de plus que ce qu'il a coûté.
Soit 37^f,50 + 12^f,50.

366. Recette d'une semaine d'un commerçant : lundi, 35^f,50 ; mardi, 36^f,60 ; mercredi, 49^f,25 ; jeudi, 37^f,75 ; vendredi, 33^f,40, et samedi, 47^f,60. Calculer la recette totale de la semaine.

367. Un employé dépense par mois 75 francs pour sa nourriture, 35 francs pour son loyer, 22^f,50 pour son entretien, et il lui reste 17^f,50. Combien gagne-t-il par mois ?

Système métrique

NOTIONS PRÉLIMINAIRES.

39. Le *système métrique* est l'ensemble des mesures qui ont pour base le **MÈTRE**.

40. Les unités principales de mesure sont :

                                                   Signes
abréviatifs.

		Signes abréviatifs
Pour les longueurs :	le **mètre**	m
» » poids	le **kilogramme**	kg
» » contenances	le **litre**	l
» » valeurs (*monnaies*)	le **franc**	f
» » surfaces (*en général*)	le **mètre carré**	m²
» » surfaces des champs	l'**are**	a
» » volumes (*en général*)	le **mètre cube**	m³
» » volumes (*bois de chauffage*)	le **stère**	s

41. Il y a des mesures qui sont égales à 10 fois, 100 fois, 1 000 fois l'unité principale ; on les exprime à l'aide des mots :

déca (**da**)	qui signifie	10	suivis du nom de l'unité de mesure.
hecto (**h**)	»	» 100	
kilo (**k**)	»	» 1 000	
myria (**M**)	»	» 10 000	

EXEMPLES :
    un *déca*mètre   c'est 10 mètres.
    un *hecto*litre   c'est 100 litres.
    un *kilo*gramme   c'est 1 000 grammes*.

Ces mesures sont les *multiples décimaux* de l'unité principale.

---

* Le gramme est l'unité de poids pour les petites pesées.
Jusqu'en 1903, le gramme était l'unité principale de poids.

Il y a aussi des mesures qui sont égales au dixième, au centième, au millième de l'unité principale ; on les exprime à l'aide des mots :

déci (**d**)   qui signifie dixième   ⎧ suivis du nom de
centi (**c**)   »   »   centième   ⎨ l'unité de me-
milli (**m**)   »   »   millième   ⎩ sure.

EXEMPLES :   un *déci*mètre   c'est 0^m,1
                    un *centi*litre   c'est 0^l,01
                    un *milli*gramme c'est 0^g,001

Ces mesures sont les *sous-multiples décimaux* de l'unité principale.

Chaque mesure décimale a son double et sa moitié.

EXERCICES ORAUX

368. 1° Combien 1 *hecto*mètre   vaut-il de mètres ?
         »   1 *kilo*gramme   vaut-il de grammes ?
         »   1 *déca*litre   vaut-il de litres ?

2° Qu'est-ce que 1 *déci*litre ?
                   1 *centi*mètre ?
                   1 *milli*gramme ?

369. Exprimer par le terme propre :

1° 6 dizaines de litres.   2° 5 dixièmes de mètre.
    3 cents grammes.   42 centièmes de gramme.
    5 mille mètres.   175 millièmes de mètre.

370. 1° Combien 2 hectomètres font-ils de mètres?
         2°   »   5 décalitres font-ils de litres ?
         3°   »   8 kilogrammes font-ils de grammes ?

371. 1° Combien 10 mètres font-ils de décimètres ?
         2°   »   4 litres font-ils de centilitres ?
         3°   »   5 francs font-ils de centimes ?

MESURES DE LONGUEUR

Pour évaluer la longueur d'une planche, par exemple, on porte le mètre sur le bord de cette planche à partir de l'une des extrémités ; on marque le point où se termine le mètre. A partir de ce point on porte de nouveau le mètre, et ainsi de suite. Le nombre de fois qu'on a ainsi porté la mesure donne en mètres la longueur de la planche.

42. L'unité principale des mesures de longueur est le **MÈTRE**.

Le *mètre* (**m**) est la dix-millionième partie du quart du **méridien** terrestre.

43. La Terre sur laquelle nous sommes est un gros globe qui parcourt en un an la même route immense autour du Soleil, tout en tournant sur lui-même comme sur un axe en 24 heures. Les extrémités de cet axe sont les *pôles*.

On appelle *méridiens* de grands cercles qui entoureraient la Terre en passant par les pôles. Pour établir le mètre, on a mesuré un méridien. La quarante-millionième partie d'un méridien ou la dix-millionième partie du quart d'un méridien est le mètre.

44. Les multiples décimaux du mètre sont :

le *décamètre* (**dam**) qui vaut   10 mètres.
l'*hectomètre* (**hm**)   »   »   100   »

le *kilomètre* (**km**)   »   »   1 000 mètres.
le *myriamètre* (**Mm**)   »   »   10 000   »

Un décamètre, c'est à peu près la largeur d'une route ordinaire.

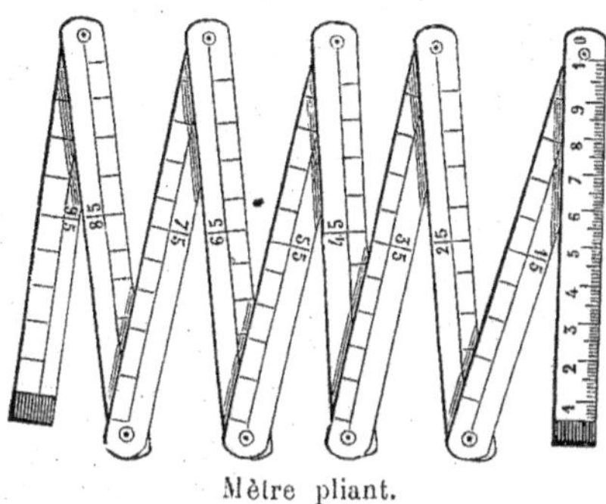
Mètre pliant.

Un hectomètre, c'est environ 135 pas d'un homme.

Un kilomètre, c'est à peu près le chemin qu'un homme marchant rapidement parcourt en dix minutes.

Décimètre (grandeur exacte) divisé en centimètres et millimètres.

Les sous-multiples décimaux du mètre sont :

Le *décimètre* (**dm**) qui vaut un dixième du mètre : $0^m,1$;

Le *centimètre* (**cm**) qui vaut un centième du mètre : $0^m,01$;

Le *millimètre* (**mm**) qui vaut un millième du mètre : $0^m,001$.

45. Le mètre usuel est une règle en bois, divisée en décimètres et centimètres.

Le décimètre et le double-décimètre sont ordinairement subdivisés en millimètres.

On fait des mètres pliants en bois, en baleine, en ivoire, en cuivre. Il y a encore des mètres formés d'un ruban qui s'enroule dans une petite boîte cylindrique.

On fait aussi des décamètres, des demi-décamètres et des doubles décamètres en lame d'acier, ou en ruban s'enroulant sur un petit treuil comme le mètre en ruban.

46. L'hectomètre, le kilomètre et le myriamètre servent à évaluer les distances de chemin ;

Borne hectométrique.

Borne kilométrique.

on les appelle **mesurès itinéraires**. Les hectomètres sont marqués sur les routes par de petites bornes; les kilomètres sont marqués par des bornes plus hautes.

47. La **chaîne d'arpenteur**, qui sert à mesurer les grandes longueurs sur le terrain, est un décamètre. Elle se compose de 50 tiges de fer de 2 décimètres réunies par des anneaux. La chaîne se termine par deux poignées, dont la longueur est prise sur chacune des deux dernières tiges.

EXERCICES ORAUX OU ÉCRITS

372. Combien y a-t-il de mètres :

dans 1 dam ?	dans 3 dam ?	dans 15 dam ?
1 hm ?	5 hm ?	28 hm ?
1 km ?	7 km ?	75 km ?
1 Mm ?	4 Mm ?	10 Mm ?

373. Combien y a-t-il de décamètres :

dans 1 hm ?	dans 15 km ?	dans 1 Mm ?
8 hm ?	8 km ?	3 Mm ?

374. Combien y a-t-il d'hectomètres :

dans 1 km ?	dans 5 km ?	dans 2 Mm ?
3 km ?	50 km ?	5 Mm ?

375. Combien y a-t-il d'hectomètres et de décamètres :

dans 5 600 mètres ?	dans 750 mètres ?	dans 75 mètres ?
800 mètres ?	17 521 mètres ?	2 360 mètres ?

376. 1º Combien y a-t-il de kilomètres :

dans 7 500 m ?   dans 18 000 m ?   dans 4 500 m ?   dans 840 m ?

2º Combien de décimètres :

dans 1 m ?	dans 50 m ?	dans 1 dam ?	dans 1 km ?
$1^m,50$?	$2^m,70$?	$6^m,20$?	$13^m,40$?

377. En 27 325 mètres, combien y a-t-il de myriamètres ? de kilomètres ? d'hectomètres ? de décamètres ?

En 4 950 mètres, combien de kilomètres ? d'hectomètres ? de décamètres ?

En 680 décamètres, combien de kilomètres ? d'hectomètres ?

En 860 mètres, combien d'hectomètres ? de décamètres ?

En 17 mètres, combien de décamètres ? de décimètres ?

378. En 4ᵐ,60, combien de décimètres ? de centimètres ?

En 27ᵐ,35, combien de décimètres ? de centimètres ?

En 925 centimètres, combien de mètres ? de décimètres ?

En 83 décimètres, combien de mètres ? de centimètres ?

379. Écrire en mètres :

1° 6 kilomètres,   2° 3 kilomètres 5 hectomètres.

   7 hectomètres,   3 kilomètres 5 décamètres.

   4 myriamètres,   3 kilomètres 5 mètres.

   3 décamètres,   3 kilomètres 5 hectomètres 5 mètres.

380. Écrire comme des nombres *décimaux*, c'est-à-dire en plaçant une virgule à la place du mot mètre, et en donnant aux chiffres de droite le rang qui leur convient :

26 mètres 3 décimètres.

8 mètres 45 centimètres.

19 mètres 5 centimètres.

7 mètres 8 centimètres.

75 centimètres.

381. Écrire, puis additionner en prenant pour unité :

1° le kilomètre,   2° le mètre :

   4 kilomètres,   3 hectomètres,

   5 hectomètres,   7 décamètres,

  26 hectomètres.   54 décimètres.

382. De Paris à Dijon, il y a 304 kilomètres ; de Dijon à Lyon, 208 kilomètres, et de Lyon à Marseille, 351 kilomètres. Quelle est la distance de Paris à Marseille, par Dijon et Lyon : 1° en kilomètres ? 2° en myriamètres ?

383. On met bout à bout trois règles : l'une de 1ᵐ,75, l'autre de 1ᵐ,5, et la troisième de 0ᵐ,95. Quelle longueur totale obtient-on ainsi ?

384. Un cycliste a fait dans la même journée une course de 15 kilomètres et il est allé ensuite 8ᵏᵐ,5 plus loin, alors il est revenu à son point de départ. Quel chemin total a-t-il parcouru ?

385. Une locomotive a fait, dans la 1ʳᵉ heure, 3 myriamètres ; dans la 2ᵉ, 28 kilomètres ; dans la 3ᵉ, 275 hectomètres. A quelle distance se trouve-t-elle alors de son point de départ ?

Notions de Géométrie

VOLUME — SURFACE — LIGNES

48. Le *volume* d'un corps ou solide est l'espace qu'il occupe

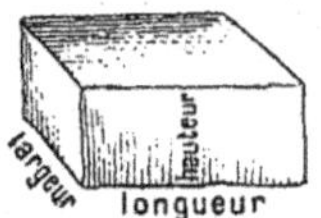

capacité

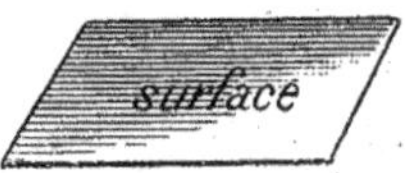

sous les trois dimensions : *longueur, largeur et épaisseur* ou *hauteur*.

Exemple : Le volume d'une pierre, c'est la place qu'elle tient en longueur, en largeur et en épaisseur.

Le volume intérieur d'un corps creux s'appelle *contenance* ou *capacité*.

49. La *surface* d'un corps est le dessus de ses faces. Une surface a deux dimensions : longueur et largeur.

Exemples : Le dessus d'une table, les faces d'une caisse.

50. Une *ligne* est une longueur sans largeur ni épaisseur. La limite d'une surface est une ligne.

Exemple : Un cheveu très fin donne l'idée d'une ligne.

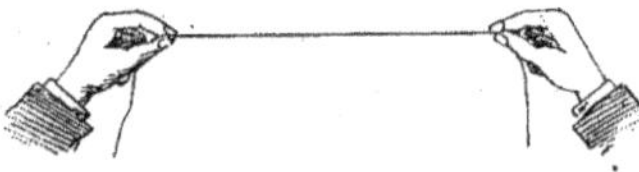

51. Une **ligne droite** est la ligne qui correspond à un fil bien tendu. C'est le plus court chemin d'un point à un autre.

Exemple : AB, CD.

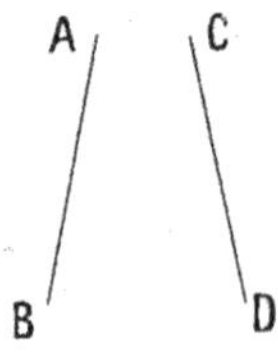

Lignes droites.

Ligne courbe.

Une **ligne courbe** est une ligne qui n'est droite dans aucune de ses parties.

EXEMPLES :   le contour du soleil ou de la lune,
les bords d'un arc-en-ciel.

PROBLÈMES DE REVISION

386. Faire la somme des 4 premiers nombres terminés par 5.

387. Une ménagère achète $3^f,50$ de café, $1^f,85$ de sucre, et il lui reste encore $4^f,65$. Combien avait-elle ?

388. Note de restaurant :

Un potage, $0^f,20$; un plat de viande, $0^f,30$; un plat de légumes, $0^f,20$; un dessert, $0^f,25$; pain, $0^f,10$; vin, $0^f,30$. Faire l'addition.

389. Un marchand de vin a trois pièces à mettre en bouteilles : la 1re contient 223 litres ; la 2e, 225 litres, et la 3e, 228 litres. Combien lui faut-il de bouteilles de 1 litre ?

390. Une cour est entourée de quatre murs dont les deux grands ont chacun $10^m,50$ de longueur et les deux petits chacun $7^m,50$. Quelle est la longueur totale des 4 murs ?

391. Si, en plus des $37^f,50$ que j'ai, j'avais encore $29^f,75$, je pourrais acheter une armoire dont j'ai besoin. A quel prix veut-on me vendre cette armoire ?

392. Un train est parti de Paris à 3 heures du soir et est arrivé à Marseille le lendemain à 11 heures et demie du matin. Combien de temps a-t-il employé à faire le chemin ?

393. On a cousu à la suite 4 morceaux de toile ayant : le 1er, $1^m,25$; le 2e, $1^m,45$, le 3e et le 4e, chacun $1^m,75$ de longueur. Quelle longueur totale a-t-on obtenue ?

394. Un cultivateur a 3 vaches et 2 chevaux ; chaque vache vaut 430 francs et le cheval vaut 100 francs de plus qu'une vache. Combien valent les 5 animaux ?

395. Un père avait 34 ans à la naissance de son fils. Quel âge aura-t-il quand son fils sera majeur (à 21 ans)?

396. J'achète une pièce de vin 104 francs, mais je paie 5 francs pour les droits d'octroi et 12 francs de transport. Quel est le prix de revient de la pièce?

397. Ma chaîne de montre m'a coûté 76ᶠ,75, et ma montre 59ᶠ,25
de plus que ma chaîne. Combien ai-je payé pour les deux objets ?

398. Un patron a 3 ouvriers à payer : le 1ᵉʳ doit recevoir 28 francs,
le 2ᵉ, 3 francs de plus que le 1ᵉʳ, et le 3ᵉ, 2 francs de plus que le 2ᵉ.
Quelle est la somme nécessaire pour les payer ?

399. Dans un train, il y a 39 voyageurs de 1ʳᵉ classe, 85 de 2ᵉ classe,
et 179 de 3ᵉ classe. En comptant le mécanicien, le chauffeur et le
chef de train, combien ce train emporte-t-il de personnes ?

400. Un marchand achète un meuble 36 francs ; il y fait pour
6ᶠ,50 de réparation et il veut gagner 12 francs. Combien doit-il
revendre le meuble ?

Arithmétique

SOUSTRACTION

Il y avait 150 bouteilles sur le casier ; on en a ôté 66 ; combien en reste-t-il ?

On pourrait décompter 66 bouteilles ainsi : 149, 148, 147, etc. ; mais il est plus simple de faire la soustraction indiquée sur le mur.

52. La *soustraction* est une opération par laquelle on retranche un nombre d'un autre. Le résultat se nomme **reste** ou **différence**.

De 15 francs ôter, retrancher ou soustraire 9 francs, c'est faire une soustraction. Le reste ou la différence est 6 francs.

Le signe de la soustraction est **—**, qu'on lit : **moins**.

EXEMPLE :   **16 — 9 = 7.**
Lire :   16 moins 9 égale 7.

SOUSTRACTION DES NOMBRES ENTIERS

53. Soustraire un nombre d'un seul chiffre d'un autre nombre.

On peut ôter du plus grand, une à une, autant d'unités qu'il y en a dans le petit nombre.

EXEMPLE : $9 - 5 = 9 - 1 - 1 - 1 - 1 - 1 = 4.$

Revenir sur les exercices 45 et suivants.

Lorsqu'on connaît bien les totaux de deux nombres d'un seul chiffre, on en déduit facilement la différence entre ce total et l'un des deux nombres.

EXEMPLE : $9 - 5 = 4$ puisque $5 + 4 = 9$
                       $16 - 9 = 7$ puisque $9 + 7 = 16$

54. Soustraire un nombre quelconque d'un autre nombre.

Règle générale. On écrit le plus petit nombre sous le plus grand, de manière que les unités de même ordre se correspondent, et l'on souligne. Alors, en commençant par la droite, on retranche successivement chaque chiffre inférieur du chiffre supérieur correspondant et l'on écrit le reste au-dessous.

Si le chiffre à soustraire est plus grand que celui qui est au-dessus, on augmente celui-ci de 10 et l'on soustrait, puis on augmente de 1 le chiffre inférieur suivant.

1er EXEMPLE : Soustraction *sans retenue :*

De **876** ôter **532**.

On dispose ainsi l'opération :

$$\begin{array}{r} 876 \\ 532 \\ \hline \end{array}$$

Reste $\overline{344}$

Calcul : 2 (unités) ôté de 6 (unités), reste 4 (unités). On écrit 4.
3 (diz.) ôté de 7 (diz.), reste 4 (diz.). On écrit 4.
5 (cent.) ôté de 8 (cent.), reste 3 (cent.). On écrit 3.

2e EXEMPLE : Soustraction *avec retenue :*

De **345** ôter **269**.

$$\begin{array}{r} 345 \\ 269 \\ \hline \end{array}$$

Reste $\overline{76}$

Calcul : 9 ne pouvant pas être ôté de 5, j'augmente celui-ci de 10 unités et je dis : 9 ôté de 15, reste 6. J'écris 6 et je retiens 1 (diz.) que j'ajoute au chiffre inférieur suivant.
Je dis ensuite : 1 de retenue et $6 = 7$ (diz.).
7 ôté de 4, cela ne se peut ; j'augmente 4 de 1 dizaine et je dis : 7 ôté de 14, reste 7, que j'écris et je retiens 1 (diz.).
Je dis ensuite : 1 de retenue et $2 = 3$.

3 ôté de 3, reste 0.

EXPLICATION. — En ajoutant 10 unités aux 5 unités du nombre supérieur, ce nombre a été augmenté de 10. Il faut donc, par compensation, augmenter de 10 le nombre inférieur : c'est ce qu'on fait en ajoutant 1 au chiffre des dizaines de ce nombre. Il en est de même au 2e chiffre.

EXERCICES ORAUX OU ÉCRITS

Donner de vive voix ou par écrit la réponse aux questions suivantes :

401. 16 — 9 sous?
17 — 9 francs?
15 — 6 litres?
18 — 7 kilomètres?
13 — 5 mètres?

402. 23 — 9 bouteilles?
25 — 9 plats?
32 — 8 assiettes?
48 — 10 carafes?
53 — 7 verres?

403. 45 — 12 années?
68 — 12 mois?
80 — 15 semaines?
73 — 14 jours?
76 — 17 heures?

404. 91 — 18 minutes?
63 — 23 secondes?
47 — 18 horloges?
60 — 19 pendules?
57 — 30 montres?

405. Mon frère gagne 4 francs par jour et mon père 7 francs. Combien mon frère gagne-t-il de moins que mon père ?

Il faut ôter 4^f de 7^f.

406. Paul avait 10 pommes; il en a mangé 6. Combien en a-t-il encore ?

Il lui en reste   10 — 6.

407. J'avais 20 sous, j'en ai dépensé 6. Combien ai-je encore ?

408. J'avais 15 sous dans ma bourse; j'ai acheté 2 oranges à 0^f,15 la pièce. Combien me reste-t-il ?

409. Mes souliers ont coûté 13 francs et mon chapeau 5 francs de moins. Quel est le prix de mon chapeau ?

410. Mon pantalon a coûté 9 francs et ma blouse 3 francs de moins. Combien ont coûté les deux vêtements ensemble ?

411. Maintenant que mon frère m'a donné 8 billes, j'en ai en tout 15. Combien en avais-je d'abord ?

412. Une corde a 100 mètres de longueur. On en coupe deux bouts de chacun 20 mètres. Quelle est la longueur de ce qui reste ?

413. Si j'avais 8 francs de plus, je pourrais acheter deux paires de souliers de 15 francs chacune. Combien ai-je ?

Les deux paires de souliers coûteraient   15^f + 15^f = 30^f.
Et je n'ai que   30^f — 8^f.

414. Paris est divisé en 20 arrondissements, dont 14 sont situés sur la rive droite de la Seine. Quel est le nombre de ceux qui sont situés sur la rive gauche du fleuve?

415. De 110 francs si l'on ôte successivement 5 francs, puis 10 francs, puis 15 francs, que restera-t-il?

416. J'ai payé 11 francs sur 19 francs que je devais. Combien dois-je encore?

417. Une boîte de plumes en renferme 144. Si l'on en ôte 45, combien en restera-t-il dans la boîte?

418. On a tiré 48 litres de pétrole d'une barrique qui en contenait 100 litres. Combien en reste-t-il dans la barrique?

419. Une pièce de vin en contient 225 litres. Quand on en aura tiré 30 litres, combien en restera-t-il?

420. Notre grand poète Victor Hugo est né en 1802; il est mort en 1885. A quel âge?

421. Un homme avait un demi-cent de fagots. Combien en aura-t-il encore quand il en aura vendu 40?

422. Un marchand avait 10 douzaines d'œufs; il en a vendu 60. Combien lui en reste-t-il?

423. Une personne qui avait 2 000 francs a dépensé 500 francs. Combien lui reste-t-il?

424. J'ai gagné le mois dernier 130 francs et ce mois-ci 28 francs de moins. Combien ai-je gagné dans les deux mois?

425. Sur les 86 départements de la France, 11 seulement n'ont pas de vignobles. Quel est le nombre des départements où la vigne est cultivée pour la production du vin?

426. Un ouvrier a gagné dans sa semaine 58 francs; un autre a gagné 7 francs de moins, et un troisième encore 7 francs de moins. Combien a gagné ce troisième ouvrier?

EXERCICES ÉCRITS

427.	1°	57 —	33 mètres.	2°	98 —	16 francs.
428.		59 —	23 »		68 —	33 »
429.		75 —	13 »		98 —	42 »
430.		196 —	35 »		287 —	125 »
431.		386 —	154 »		768 —	235 »
432.		876 —	524 »		859 —	243 »
433.		9 728 — 4 313	»		8 649 — 2 637	»
434.		8 694 — 3 762	»		9 456 — 4 934	»
435.		4 996 — 3 162	»		7 927 — 4 347	»

436.   1° 82 — 73 litres.   2° 75 — 49 grammes.
437.   140 — 86   »   153 — 58   »
438.   271 — 154   »   238 — 83   »
439.   482 — 237   »   871 — 506   »
440.   968 — 235   »   649 — 349   »
441.   760 — 348   »   921 — 638   »
442.   943 — 528   »   892 — 438   »
443.   891 — 548   »   791 — 523   »
444.   847 — 392   »   641 — 384   »
445.   778 — 629   »   423 — 378   »
446.   732 — 286   »   582 — 469   »
447.   632 — 178   »   846 — 639   »
448.   571 — 381   »   843 — 582   »
449.   914 — 375   »   763 — 589   »
450.   784 — 387   »   982 — 775   »
451.   548 — 397   »   792 — 603   »

452.   6 794 — 3 657 unités.   9 260 — 4 485 unités.
453.   5 492 — 3 758   »   7 253 — 4 337   »
454.   4 697 — 2 965   »   9 406 —   582   »
455.   8 450 — 3 760   »   7 408 —   643   »
456.   7 089 — 3 479   »   8 794 —   684   »
457.   6 523 — 5 396   »   2 389 — 1 674   »
458.   7 724 — 4 683   »   4 206 —   709   »
459.   5 684 — 3 896   »   5 963 —   937   »
460.   7 692 — 4 387   »   17 350 — 8 926   »

PROBLÈMES SUR LA SOUSTRACTION

461. J'avais une maison qui m'avait coûté 17 380 francs; je l'ai revendue 20 000 francs; combien ai-je gagné ?

J'ai gagné   20 000^f — 17 380^f.

462. Je devais 2 500 francs; mais j'ai payé deux acomptes de chacun 560 francs. Combien redois-je encore ?

J'ai payé   560^f + 560^f = 1 120^f.
Je redois   2 500^f — 1 120^f.

463. Je devais 350 francs; j'ai payé un 1er acompte de 160 francs et un 2e de 130 francs. Combien dois-je encore ?

464. Paris a 2 768 000 habitants; Lyon en a 459 000. Combien y a-t-il d'habitants de plus à Paris qu'à Lyon ?

465. 2 ânes et un cheval ont coûté ensemble 815 francs. Chaque âne valant 85 francs, que vaut le cheval?

466. Un voyageur avait 75 hectomètres à parcourir. Il a déjà fait 4 kilomètres. Combien a-t-il encore d'hectomètres à parcourir?

467. Un cultivateur a 2 vaches qui lui ont coûté ensemble 820 francs. L'une des deux a coûté 380 francs; quel est le prix de l'autre?

468. De Paris à Saint-Pétersbourg, en passant par Berlin, il y a 3 050 kilomètres. Sachant qu'il y a 1 676 kilomètres de Saint-Pétersbourg à Berlin, dire la distance de Paris à Berlin.

469. Un père avait 37 ans à la naissance de son fils. Quel sera l'âge du fils lorsque le père aura 60 ans?

470. Trois pièces de toile ont ensemble 120 mètres; la 1re a 38 mètres et la 2e a 45 mètres; quelle est la longueur de la 3e?

471. Un ouvrier avait placé 372 francs à la Caisse d'épargne; mais il a dû en retirer 75 francs. Que lui reste-t-il encore à la Caisse en tenant compte des intérêts ajoutés qui sont de 6 francs?

472. La population de la France est de 38 961 000 habitants; celle de l'Allemagne est de 56 367 000 habitants. De combien la population de la France est-elle inférieure à celle de l'Allemagne?

473. Une école comptait au 1er janvier 473 élèves inscrits; du 1er janvier au 31 mars, il est entré 68 élèves nouveaux et il en est sorti 56. Combien l'école compte-t-elle d'élèves inscrits au 1er avril?

474. Un maquignon achète un cheval 580 francs et un mulet 250 francs; il veut gagner 75 francs sur le cheval et 45 francs sur le mulet. Combien doit-il vendre les deux animaux ensemble?

475. On compte à Paris 143 jours de pluie, 12 jours de neige et 123 jours nuageux. Quel est, dans cette ville, le nombre des jours de beau temps d'une année ordinaire?

476. Une personne a deux pièces de vin de chacune 225 litres à mettre en bouteilles. Elle n'a pour cela que 390 bouteilles de 1 litre chacune. Combien lui en manquera-t-il?

477. Il y avait dans une caserne 2 855 soldats: il en sort 1 583; mais, quelques jours après, il en revient 350. Combien y a-t-il maintenant de soldats dans cette caserne?

478. Un terrain planté d'arbres a coûté 1 820 francs; l'acquéreur vend les arbres pour 265 francs et revend ensuite le terrain 1 6   francs. A-t-il gagné ou perdu, et combien?

479. La population de Paris était, en 1869, de 1 825 000 habitants ; elle est maintenant (1911) de 2 768 000 habitants. De combien a-t-elle augmenté ?

480. Un cocher a deux chevaux qu'il a payés chacun 920 francs ; il les revend au bout d'un an : l'un pour 850 francs, l'autre pour 900 francs. Combien perd-il ?

481. Une maison a été achetée 15 800 francs ; on a payé 1 580 francs de frais et l'on veut gagner 1 200 francs en la revendant. Combien doit-elle être revendue ?

A ce qu'elle a coûté il faut ajouter les frais et le bénéfice qu'on veut faire.

SOUSTRACTION DES NOMBRES DÉCIMAUX

55. Règle. *La soustraction des nombres décimaux se fait comme celle des nombres entiers. Il faut seulement, dans le reste, placer une virgule au-dessous des virgules des nombres donnés.*

Il faut avoir soin de placer le petit nombre sous le plus grand, de manière que les unités soient sous les unités, les dixièmes sous les dixièmes, les centièmes sous les centièmes, etc.

On fait la soustraction sans se préoccuper des virgules, mais, l'opération faite, on écrit une virgule au-dessous des virgules des deux nombres donnés.

Exemple :   De **384^f,75** ôter **37^f,50**.

$$
\begin{array}{r}
384,75 \\
37,50 \\
\hline
347,25
\end{array}
$$

Il reste 347^f,25.

Lorsqu'un des deux nombres a moins de chiffres décimaux que l'autre, on peut écrire des zéros à sa droite pour qu'ils en aient tous les deux autant.

Exemple :   **872,5 — 89,08.**

$$
\begin{array}{r}
872,50 \\
89,08 \\
\hline
\text{Reste} \quad 783,42
\end{array}
$$

PREUVE DE LA SOUSTRACTION

56. On fait la *preuve de la soustraction* en ajoutant le reste au petit nombre : on doit, comme total, retrouver le grand nombre.

Dans l'opération précédente, en additionnant le petit nombre 89,08 avec le reste 783,42, on trouve comme total le grand nombre 872,50. L'opération est donc bien faite.

EXERCICES ÉCRITS

482.	1° $4^m,05 - 2^m,40$	2°	$37^m,25 - 33^m,45$
483.	$5^m,75 - 0^m,48$		$10^m,55 - 9^m,36$
484.	$12^m,80 - 7^m,60$		$27^m,48 - 17^m,26$
485.	$35^m,10 - 26^m,50$		$46^m,25 - 35^m,45$
486.	$60^m,30 - 18^m,75$		$35^m,50 - 18^m,25$
487.	$46^f,5 - 9^f,85$		$25^f,60 - 7^f,25$
488.	$362^f - 47^f,25$		$425^f - 52^f,75$
489.	$739^f,10 - 69^f,50$		$804^f,40 - 73^f,65$
490.	$480^f,25 - 208^f,25$		$780^f,15 - 163^f,80$
491.	$562^f,5 - 460^f,75$		$603^f - 375^f,90$
492.	$760,4 - 286,8$		$504,9 - 387,5$
493.	$1\,763,45 - 928,3$		$2\,000 - 725,8$
494.	$2\,856 - 897,25$		$4\,500 - 1\,801,9$
495.	$14\,000 - 8\,005,75$		$20\,475 - 8\,092,35$
496.	$25\,065,8 - 6\,927,45$		$25\,038,2 - 24\,985,75$

Faire les opérations indiquées :

497. $704^m - 56^m - 23^m.$

498. $85^m,25 + 18^m,50 - 100^m,80.$

499. $539^m,75 - 349^m,80.$

500. $36^f,60 + 17^f,80 - 29^f,05.$

501. $527^f - 48^f,50 - 37^f,60.$

502. $3\,520^f - 39^f,75 - 148^f,75.$

503. $76^l + 28^l + 17^l - 35^l - 23^l - 17^l.$

CALCUL ORAL OU ÉCRIT

504. J'avais 2 francs et j'ai dépensé $1^f,75$; combien me reste-t-il ?

Il faut ôter $1^f,75$ de 2^f.

On écrit 2,00
<u> - 1,75</u>

505. Une pièce d'étoffe avait 4^m,50 de longueur ; on en a coupé 1^m,25 ; quelle est la longueur de ce qui reste ?

506. Léon avait 10 francs ; il a acheté une boîte de compas de de 4^f,75 ; combien lui reste-t-il ?

507. Deux ouvriers ont à se partager une somme de 20 francs. Le premier doit avoir 12^f,50 ; que doit avoir l'autre ?

508. Un horloger gagne 7^f,50 sur une montre qu'il vend 40 francs. A combien lui revenait cette montre ?

509. Le litre de vin blanc vaut 0^f,80 et le litre de vin rouge 0^f,15 de moins. Que valent 10 litres de vin rouge ?

Un litre de vin rouge vaut 0^f,80 — 0^f,15.
Le prix de 10^l de vin rouge est 10 fois plus grand.

510. Un voyageur avait à parcourir 25 kilomètres ; il a parcouru 14^{km},9. Quel chemin lui reste-t-il à faire ?

511. Un tonneau contenait 100 litres de vin ; on en a tiré 55^l,50 puis 44 litres. Quelle quantité de vin reste-t-il dans le tonneau ?

512. Un commerçant avait dans sa caisse 250 francs ; il paye deux fois 75^f,50 ; combien lui reste-t-il ?

513. Jeanne reçoit de sa mère 2 francs pour des commissions : elle achète pour 25 centimes de sucre, 50 centimes de savon et 75 centimes de café. Combien doit-elle rapporter ?

514. Un mur avait 18^m,50 de longueur ; on en a démoli une partie de 12^m,75. Quelle est la longueur de ce qui reste ?

515. Un voyageur avait 45 kilomètres à parcourir ; il a déjà fait 14 kilomètres 5 hectomètres. Quel chemin lui reste-t-il à faire ?

516. Mon père gagne 7 francs par jour ; ma mère 2^f,75 ; notre dépense journalière est de 8^f,50. Combien pouvons-nous économiser par jour ?

517. J'ai 17^f,60. Combien me manque-t-il pour que je puisse acheter une paire de souliers de 12^f,50 et un chapeau de 7^f,50 ?

518. Un paysan achète un porc 24^f,50 ; il dépense 32 francs pour l'engraisser et le revend ensuite 70 francs. Quel est son bénéfice ?

519. Un caissier avait 800^f,75 ; il a payé successivement 65^f,20, 35^f,40 et 150 francs. Combien a-t-il encore dans sa caisse ?

520. Un domestique a acheté 1 poulet 4^f,25, 1 kilogramme de bœuf 2^f,40, du beurre pour 1^f,60, des légumes pour 0^f,75, et du fromage pour 0^f,80. Combien doit-il rapporter sur une pièce de 20 francs ?

Système métrique

MONNAIES

Les paiements se font à l'aide de la monnaie et des billets.

57. L'unité des monnaies est le **FRANC**.

Le *franc* (f) est la valeur d'une pièce d'argent pesant 5 grammes.

Il n'y a pas de noms spéciaux pour désigner les multiples décimaux du franc. On ne dit pas *déca*franc, *hecto*franc, mais *dix francs, cent francs*.

58. Le franc a deux sous-multiples décimaux :

Le *décime* qui est la dixième partie du franc $(0^f,1)$
Le *centime* qui est la centième partie du franc $(0^f,01)$

Le décime est la pièce de 10 centimes.
On emploie peu le mot décime.

59. On écrit les sommes de francs, de décimes et de centimes, comme on écrit les entiers, les dixièmes et les centièmes.

60. Les pièces de monnaie sont en or, en argent, en bronze, en nickel.

Elles sont toutes représentées dans le tableau ci-contre :

TABLEAU DES MONNAIES

61. Les pièces de monnaie d'**or** sont de 10 francs, 20 francs, 50 francs, 100 francs.

Les pièces de monnaie d'**argent** sont de

$0^f,50$, 1 franc, 2 francs, 5 francs.
et pèsent $2^g,5$, 5 grammes, 10 grammes, 25 grammes.

Les pièces de monnaie de **bronze** sont de

1 centime, 2 centimes, 5 centimes, 10 centimes.
et pèsent 1 gramme, 2 grammes, 5 grammes, 10 grammes.

La pièce de monnaie de **nickel** est de 25 centimes et pèse 7 grammes.

On dit communément : un sou, deux sous, trois sous, etc. au lieu de dire : 5 centimes, 10 centimes, 15 centimes, etc.

On ne fait plus guère usage des pièces de 1 centime et de 2 centimes et on ne frappe plus de pièces d'or de 5 francs ni de pièces d'argent de 20 centimes.

62. Le métal des pièces d'or et des pièces d'argent n'est pas pur. Il est allié à un peu de cuivre qui donne à ces pièces plus de solidité et empêche qu'elles ne s'usent trop vite par le frottement.

Le métal des pièces de bronze est un alliage de cuivre, d'étain et de zinc.

63. Outre la monnaie métallique, il y a encore des **billets de banque** de 50 francs, de 100 francs, de 500 francs et de 1 000 francs.

EXERCICES ORAUX OU ÉCRITS

521. Combien faut-il de décimes (pièces de 10 centimes) pour faire :

1 franc ?	5 francs ?	$0^f,50$?
2 francs ?	10 francs ?	$1^f,50$?
3 francs ?	20 francs ?	$2^f,60$?

522. Combien faut-il de centimes pour faire :

1 franc ?	10 francs ?	$3^f,25$?
2 francs ?	12 francs ?	$4^f,50$?
5 francs ?	20 francs ?	$7^f,05$?

523. 1° Combien de francs font :

    100 centimes ?   200 centimes ?   325 centimes ?

2° Combien de sous (pièces de 5 centimes) font :

    50 centimes ?   1 franc ?   2 francs ?
    25 centimes ? $1^f,25$? $2^f,50$?

524. Quel est le poids

de $1^f,50$, de 20 francs, de 100 francs, en pièces d'argent ?

525. Quel est le poids

de 1 franc, de 50 centimes, de 2 francs, en pièces de bronze ?

526. Additionner :

$$1° \quad 1^f,25 + 2^f \quad + \quad 3^f,50 + 0^f,80$$
$$2° \quad 3^f,25 + 4^f,50 + 1^f,75 + 12 \text{ francs}$$
$$3° \quad 0^f,60 + 1^f,90 + 15^f,40 + 20^f,75$$

Faire les soustractions suivantes :

527. $1° \quad 7^f - 0^f,25$ $3° \quad 12^f - 0^f,45$
                $2° \quad 8^f - 4^f,50$ $4° \quad 25^f - 12^f,50$

528. $1° \quad 10^f - 2^f,75$ $3° \quad 150^f - 19^f,40$
                $2° \quad 100^f - 48^f,10$ $4° \quad 6^f,50 - 2^f,80$

529. $1° \quad 75^f - 17^f,05$ $3° \quad 9^f,25 - 4^f,75$
                $2° \quad 125^f - 48^f,60$ $4° \quad 122^f,50 - 73^f,80$

Notions de Géométrie

ANGLES — LIGNES DROITES

64. Un *angle* est l'ouverture de deux droites qui se rencontrent.

Les deux droites sont les **côtés** de l'angle; leur point de rencontre est le **sommet** (fig. 1).

La grandeur d'un angle ne dépend pas de la longueur de ses côtés, mais de leur écartement.

L'angle 2 est plus grand que l'angle 1 (fig. 2).

EXEMPLE : Des ciseaux qu'on ouvre plus ou moins forment entre leurs lames un angle plus ou moins grand (fig. 3).

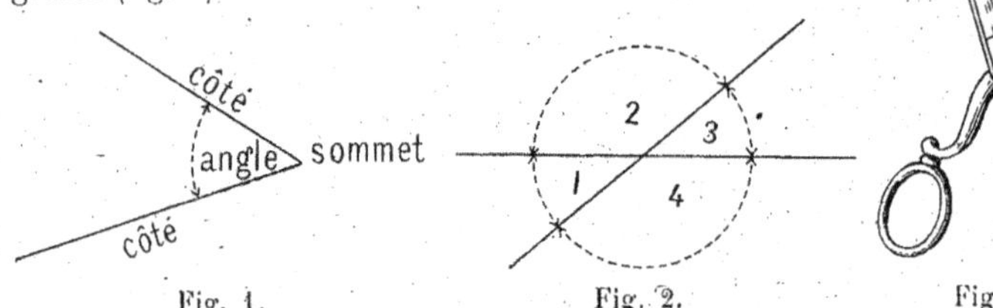

Fig. 1.   Fig. 2.   Fig. 3.

65. Deux angles sont égaux quand l'écartement de leurs côtés est le même.

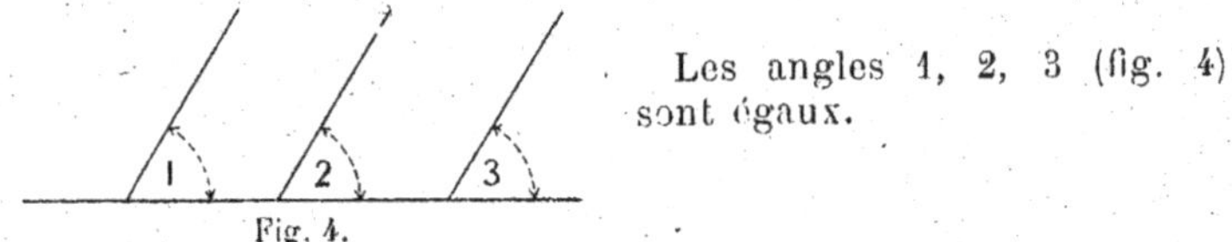

Les angles 1, 2, 3 (fig. 4) sont égaux.

Fig. 4.

66. Une droite est *perpendiculaire* à une autre lorsqu'elle

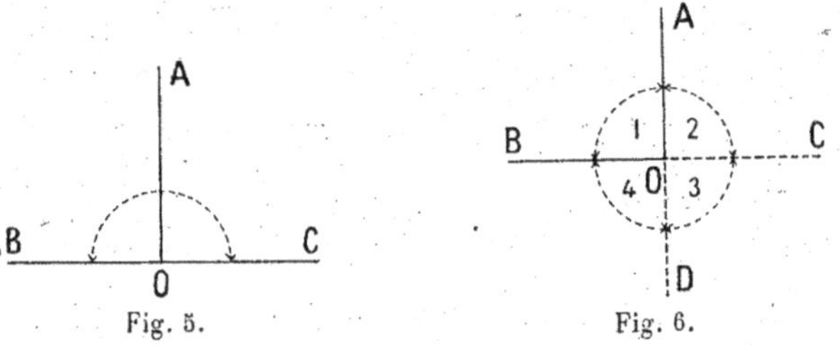

Fig. 5.   Fig. 6.

forme avec celle-ci deux angles qui se touchent, égaux. On dit que les deux droites sont perpendiculaires entre elles.

Les deux droites AO, BO (fig. 6) sont aussi perpendiculaires entre elles parce qu'en les prolongeant elles formeraient d'un même côté deux angles égaux 1 et 2, 3 et 4.

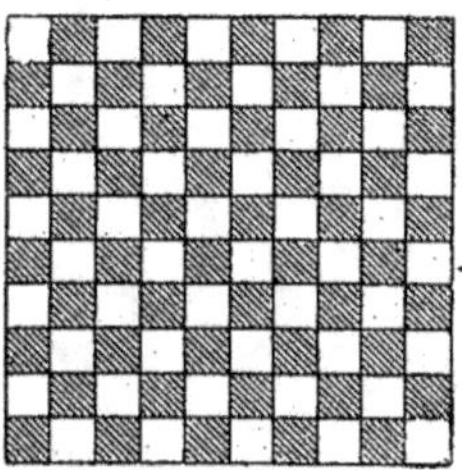

Un damier.

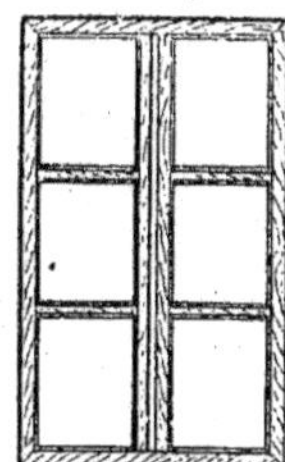

Une croisée.

EXEMPLES : Les bords d'un livre, les traits des cases d'un damier, les croisillons des vitres d'une croisée sont perpendiculaires entre eux.

67. Une droite est **oblique** à une autre lorsqu'elle forme avec celle-ci deux angles inégaux.

EXEMPLE : Les droites AH, BC sont obliques entre elles (fig. 7).

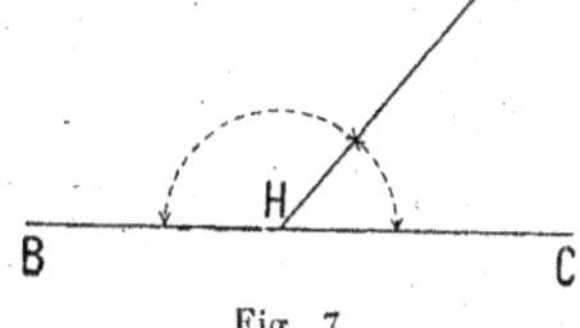

Fig. 7.

68. On appelle **angle droit** tout angle dont les côtés sont perpendiculaires entre eux.

EXEMPLE : Les angles 1 et 2 (fig. 8) sont droits.

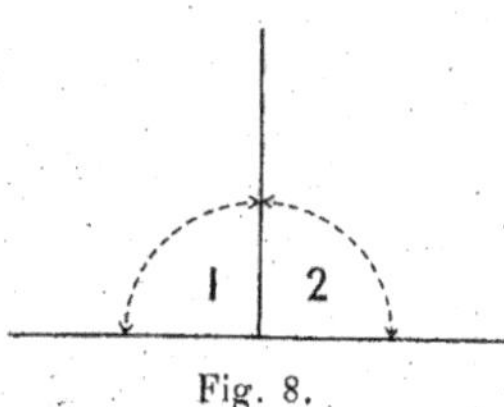

Fig. 8.

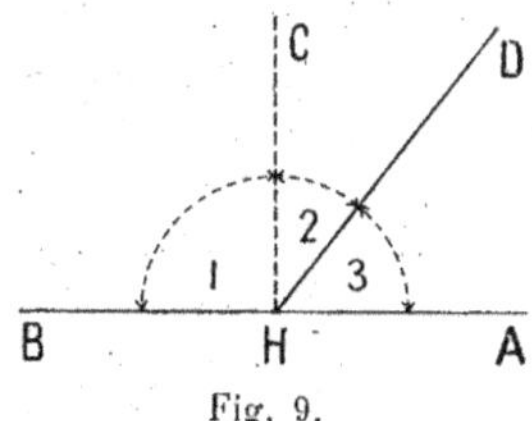

Fig. 9.

Un **angle aigu** est plus petit qu'un angle droit.
EXEMPLE : Les angles 2 et 3 (fig. 9).

Un **angle obtus** est plus grand qu'un angle droit.
EXEMPLE : L'angle BHD, formé des angles 1 et 2, est un angle obtus.

69. Des *parallèles* sont des lignes qui conservent toujours entre elles le même écartement.

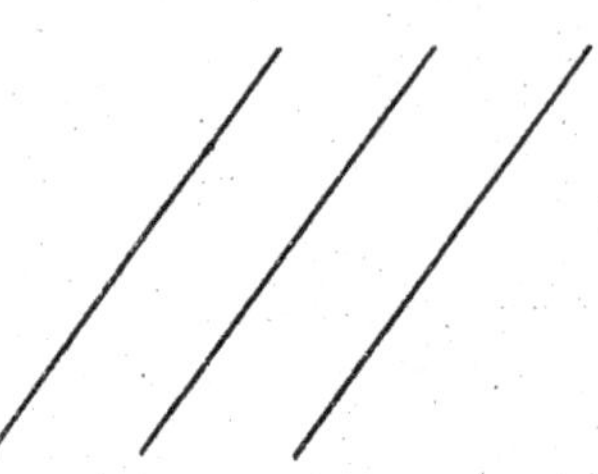

Lignes parallèles.

Barreaux parallèles.

70. Une droite est **verticale** lorsqu'elle est dans le sens d'une pierre qui tombe librement ou dans la direction du fil à plomb.

71. Une droite est **horizontale** lorsqu'elle est perpendiculaire à la verticale.

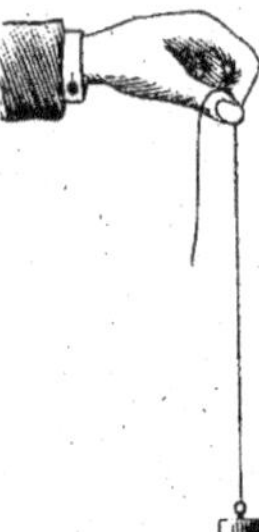

Fil à plomb.

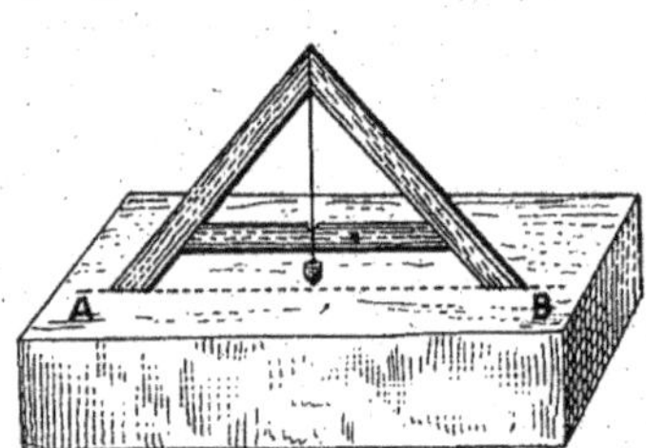

Niveau de maçon.

Ex. : Une règle flottant à la surface d'une eau tranquille est horizontale.

Le fil à plomb donne la verticale ; le niveau de maçon, quand son fil à plomb passe par le milieu de la traverse donne l'horizontale AB qui joint les deux pieds.

PROBLÈMES DE REVISION

530. Quelle somme forme-t-on en additionnant : 1 pièce de 0^f,50, 1 pièce de 1 franc, 1 pièce de 0^f,05 et 1 pièce de 10 centimes ?

531. J'ai à payer 17^f,25. Je donne une pièce de 20 francs ; combien doit-on me rendre ?

532. Avec quelles pièces d'argent peut-on former les sommes suivantes :

   1° 19 francs ? 2° 27 francs ? 3° 36 francs ?

en employant le moins de pièces possible ?

533. Si j'avais 8^f,50 de plus, je pourrais payer 30 francs que je dois. Combien ai-je ?

534. Un écolier achète une grammaire de 1^f,25 et un atlas de 2^f,35. Il remet au libraire une pièce de 5 francs. Combien doit-on lui rendre ?

535. Un meuble a été revendu 125 francs ; mais à ce compte le vendeur perd 17^f,50. A combien lui revenait ce meuble ?

536. Une dame achète un manteau qui lui coûte 95^f,50 et une fourrure qui lui coûte 25^f,50 de moins. Combien doit-elle payer pour les deux objets ?

537. Un marchand achète un lot de marchandises 62^f,50 ; il paye 6^f,25 de frais, et il revend le tout 85 francs. Quel est son bénéfice ?

538. J'ai à payer 3^f,75 ; je donne une pièce de 5 francs. Le marchand me rend 1^f,50 et me réclame 25 centimes. Le compte est-il juste ainsi ?

539. Tu as 5 francs ; si l'on me donnait 3^f,50, j'aurais 2^f,50 de plus que toi. Combien ai-je ?

Si on me donnait 3^f,50, j'aurais 5 francs + 2^f,50 = 7^f,50.
Je n'ai donc que 7^f,50 — 3^f,50.

540. J'ai acheté une table de 48^f,50, une armoire de 125 francs et un lit de 118^f,50 ; je donne un acompte de 145 francs. Combien dois-je encore ?

541. Un ouvrier gagne 49 francs par semaine ; il dépense 21^f,50 pour sa nourriture et 15^f,70 pour d'autres frais. Combien lui reste-t-il ?

542. Trois tonneaux de cidre en contiennent ensemble 950 litres ; les deux premiers en contiennent chacun 320 litres 5 décilitres. Quel est le contenu du 3e tonneau ?

543. Paris renferme 2 768 000 habitants ; Londres, capitale des Iles Britanniques, en compte 1 733 000 de plus, et Berlin, capitale de l'Empire Allemand, en compte 875 000 de moins. Quelle est la population de Londres et quelle est la population de Berlin ?

544. Une ménagère achète pour le 2e déjeuner de la famille : un pain de 0^f,90, 1^f,25 de viande, 0^f,40 de légumes, 0^f,25 de fromage, un litre de vin de 0^f,70. Le dîner lui coûte 0^f,75 de moins. Combien dépense-t-elle pour ces deux repas ?

545. Une pièce de toile avait 62 mètres de long ; on en a coupé un morceau de $3^m,25$ et un autre de $5^m,60$. Quelle longueur reste-t-il de la pièce ?

546. Un voyageur doit aller de Paris à Nantes et en revenir en faisant 100 kilomètres par jour. Combien mettra-t-il de jours à faire ce double trajet, sachant qu'il y a environ 450 kilomètres de Paris à Nantes ?

547. Un employé est logé, nourri, et reçoit par mois 60 francs. Il estime que sa nourriture par mois lui coûterait 75 francs et son logement 25 francs. Aurait-il avantage à recevoir 160 francs par mois sans être logé et nourri ?

548. Deux tonneaux contiennent chacun 185 litres : on verse 37 litres dans le 1er et l'on tire 28 litres du 2e. Quelle différence y a-t-il alors entre les contenus des deux tonneaux ?

549. Un marchand de bois vend 2 800 fagots, puis 4 700, et il en donne 1 en plus par cent. Combien a-t-il livré de fagots en tout ?

550. Le cours de la Seine est de 770 kilomètres ; le cours du Rhône a 40 kilomètres de plus, et le cours de la Garonne 165 kilomètres de moins ; le cours de la Loire a 170 kilomètres de plus que le cours du Rhône. Trouver la longueur du Rhône, de la Garonne et de la Loire.

Arithmétique

MULTIPLICATION

14 tonneaux contiennent chacun 225 litres de vin. Combien cela fait-il en tout de litres de vin ?

On pourrait trouver le résultat en faisant l'addition de 14 nombres égaux à 225 ; mais il est plus simple et plus rapide de faire la multiplication que le tonnelier écrit sur le mur.

72. La *multiplication* est une opération par laquelle on répète un nombre appelé **multiplicande** autant de fois qu'il y a d'unités dans un autre nombre appelé **multiplicateur**. Le résultat se nomme **produit**.

Ainsi, multiplier 225 par 14, c'est chercher un nombre qui soit égal à 14 fois 225. Ce nombre est 3 150. — Dans cet exemple, 225 est le *multiplicande*, 14 est le *multiplicateur*, 3 150 est le *produit*.

73. Le multiplicande et le multiplicateur sont les **facteurs** du produit.

Le signe de la multiplication est : ✕, qu'on lit : **multiplié par**.

Exemple :   **18 ✕ 3** se lit : 18 multiplié par 3, ou 3 fois 18.

74. On appelle *multiple* d'un nombre le produit de ce nombre par un autre.

Exemple :　　**18** est un multiple de **3** et de **6**.
　　　　　　　15 est un multiple de **3** et de **5**.

Les nombres qui, multipliés par d'autres nombres, forment un produit, sont des facteurs ou des sous-multiples de ce produit.

Exemple :　　**2** et **3** sont des facteurs ou des sous-multiples de **6**.
　　　　　　　3 et **5** sont des facteurs ou des sous-multiples de **15**.

Les multiples décimaux de l'unité sont 10, 100, 1 000, etc.

Les sous-multiples décimaux de l'unité sont 0,1, 0,01, 0,001, etc.

75.　　　　　　TABLE DE MULTIPLICATION

2 fois 2 font 4	5 fois 2 font 10	8 fois 2 font 16
2 » 3 » 6	5 » 3 » 15	8 » 3 » 24
2 » 4 » 8	5 » 4 » 20	8 » 4 » 32
2 » 5 » 10	5 » 5 » 25	8 » 5 » 40
2 » 6 » 12	5 » 6 » 30	8 » 6 » 48
2 » 7 » 14	5 » 7 » 35	8 » 7 » 56
2 » 8 » 16	5 » 8 » 40	8 » 8 » 64
2 » 9 » 18	5 » 9 » 45	8 » 9 » 72
3 fois 2 font 6	6 fois 2 font 12	9 fois 2 font 18
3 » 3 » 9	6 » 3 » 18	9 » 3 » 27
3 » 4 » 12	6 » 4 » 24	9 » 4 » 36
3 » 5 » 15	6 » 5 » 30	9 » 5 » 45
3 » 6 » 18	6 » 6 » 36	9 » 6 » 54
3 » 7 » 21	6 » 7 » 42	9 » 7 » 63
3 » 8 » 24	6 » 8 » 48	9 » 8 » 72
3 » 9 » 27	6 » 9 » 54	9 » 9 » 81
4 fois 2 font 8	7 fois 2 font 14	10 fois 2 font 20
4 » 3 » 12	7 » 3 » 21	10 » 3 » 30
4 » 4 » 16	7 » 4 » 28	10 » 4 » 40
4 » 5 » 20	7 » 5 » 35	10 » 5 » 50
4 » 6 » 24	7 » 6 » 42	10 » 6 » 60
4 » 7 » 28	7 » 7 » 49	10 » 7 » 70
4 » 8 » 32	7 » 8 » 56	10 » 8 » 80
4 » 9 » 36	7 » 9 » 63	10 » 9 » 90

MULTIPLICATION DES NOMBRES ENTIERS

76. Multiplier un nombre d'un seul chiffre par un nombre d'un seul chiffre.

Les produits des nombres d'un seul chiffre sont donnés par la table de multiplication (Voir p. 78), qu'on doit apprendre par cœur.

77. Le produit d'un nombre par 2, par 3, par 4, s'appelle le **double**, le **triple**, le **quadruple** de ce nombre.

Tous les multiples de 2 sont des nombres **pairs**.

Tous les nombres pairs sont terminés par l'un des chiffres : 0, 2, 4, 6, 8.

EXEMPLE :   **6, 10, 16, 18, 24.**

Les autres nombres sont des nombres impairs :

EXEMPLE :   **1, 3, 5, 7, 9, 11, 13,** etc.

78. Multiplier un nombre de plusieurs chiffres par un nombre d'un seul chiffre.

Règle. On multiplie chacun des chiffres du multiplicande par le multiplicateur, en commençant par la droite ; on écrit les unités de chaque produit et l'on retient les dizaines pour les reporter au produit suivant. On écrit le dernier produit tout entier après l'avoir augmenté de la dernière retenue.

Soit à effectuer la multiplication : **5 967** × **4.**

Il faut faire le produit des unités, des dizaines, des centaines, etc., du multiplicande par le multiplicateur et ne faire qu'un seul nombre de tous ces produits.

On dispose ainsi l'opération :

Multiplicande :	5 967
Multiplicateur :	4
Produit :	23 868

On dit : 4 fois 7 font 28 (unités). J'écris 8 et je retiens 2 (diz.).

4 fois 6 (diz.) font 24 (diz.), et 2 (diz.) de retenue font 26 (diz.). J'écris 6 et je retiens 2 (cent.).

4 fois 9 (cent.) font 36 (cent.), et 2 (cent.) de retenue font 38 (cent.). J'écris 8 et je retiens 3 (mille).

4 fois 5 (mille) font 20 (mille), et 3 (mille) de retenue font 23 (mille). J'écris 23.

Dans la pratique, on ne dit pas les noms des unités de différents ordres placés entre parenthèses.

79. Multiplier un nombre entier quelconque par un nombre de plusieurs chiffres.

Règle générale. On multiplie le multiplicande par chacun des chiffres du multiplicateur, en commençant par la droite. On écrit les produits partiels les uns au-dessous des autres, de manière que le dernier chiffre à droite soit au rang du chiffre du multiplicateur qui a servi à le former, puis on additionne tous les produits partiels.

Soit à effectuer la multiplication :　**7 859 × 643**.

Calcul :

Il faut répéter 7859 3 fois, puis 40 fois, puis 600 fois et faire la somme des trois produits partiels.

Disposition :

$$
\begin{array}{rcr}
& & 7\,859 \\
& & 643 \\
\hline
7\,859 \times 3 & = & 23\,577 \\
7\,859 \times 40 & = & 314\,360 \\
7\,859 \times 600 & = & 4\,715\,400 \\
\hline
\text{Produit total} & = & 5\,053\,337
\end{array}
$$

Dans la pratique, on n'écrit pas les zéros qui sont à la droite des produits partiels, on en laisse seulement la place.

Si le multiplicateur renferme des zéros intercalés, on en garde seulement la place et l'on multiplie par le chiffre suivant. Le premier chiffre à droite de chaque produit partiel doit se trouver au rang du chiffre du multiplicateur qui a servi à le former.

Exemple :　　**5 928 × 3 704**.

$$
\begin{array}{r}
5\,928 \\
3\,704 \\
\hline
23\,712 \\
4\,149\,6 \\
17\,784 \\
\hline
21\,957\,312
\end{array}
$$

Après avoir multiplié 5 928 par 4, on dit : « 0 ne multiplie pas », puis on multiplie par 7 en disant : 7 fois 8 = 56 et l'on écrit 6 au 3e rang, 7 fois 2 = 14... et 5 de retenue 19, j'écris 9, etc.

Si l'un des facteurs se termine par des zéros ou si tous les deux sont terminés par des zéros, on peut faire la multiplication sans tenir compte de ces zéros, mais il faut les écrire ensuite à la droite du produit.

EXEMPLES : **6 700 × 23, 379 × 140, 5 600 × 640.**

```
    6 700            379             5 600
       23            140               640
   ───────        ───────          ───────
    20 1            15 16             224
    134              379            3 36
   ───────        ───────          ───────
   154 100         53 060         3 584 000
```

80. *Un produit ne change pas quand on intervertit l'ordre de ses facteurs.*

EXEMPLE : $5 \times 9 = 9 \times 5.$

Ainsi, le produit 57×938 équivaut au produit 938×57 et l'opération peut être disposée ainsi :

```
     938
      57
   ───────
   6 566
   46 90
   ───────
   53 466
```

On peut donc abréger un peu une multiplication en prenant pour multiplicateur le facteur qui a le moins de chiffres significatifs *.

EXERCICES ORAUX

551. 1° 2×4 2° 6×4 **552.** 1° 6×6 2° 7×7
3×5 $\quad$ 3×9 $\quad$ 4×9 $\quad$ 6×9
5×5 $\quad$ 6×6 $\quad$ 3×7 $\quad$ 8×8
6×3 $\quad$ 9×9 $\quad$ 8×6 $\quad$ 7×5
7×3 $\quad$ 8×6 $\quad$ 8×9 $\quad$ 9×7

553. $\qquad\qquad\qquad$ **554.**

1° $18 = 6 \times ?$ 2° $32 = 4 \times ?$ $\quad$ 1° $63 = 9 \times ?$ 2° $25 = 5 \times ?$
$46 = 4 \times ?$ $\quad$ $28 = 7 \times ?$ $\quad$ $56 = 8 \times ?$ $\quad$ $28 = 4 \times ?$
$25 = 5 \times ?$ $\quad$ $36 = 6 \times ?$ $\quad$ $56 = 7 \times ?$ $\quad$ $48 = 8 \times ?$
$18 = 6 \times ?$ $\quad$ $36 = 9 \times ?$ $\quad$ $72 = 9 \times ?$ $\quad$ $64 = 8 \times ?$
$17 = 17 \times ?$ $\quad$ $40 = 8 \times ?$ $\quad$ $81 = 9 \times ?$ $\quad$ $72 = 8 \times ?$

---

* Les chiffres significatifs sont 1, 2, 3, 4, 5, 6, 7, 8, 9.
0 n'est pas un chiffre significatif.

Faire les multiplications suivantes :

555. 1° 10×2 2° 12×3 **556.** 1° 14×2 2° 16×2
      10×5 12×4 14×5 16×3
      11×2 12×5 15×2 18×2
      11×3 13×2 15×3 18×5
      12×2 13×3 15×4 19×2

557. 1° 20×5 2° 30×2 **558.** 1° 40×2 2° 50×3
      20×8 30×5 40×3 60×4
      25×2 32×2 40×5 70×3
      25×3 35×2 45×2 75×2
      25×4 36×2 50×2 80×5

559. 1° 100×4 2° 120×3 **560.** 1° 250×2 2° 500×3
      200×3 150×2 250×4 600×3
      300×3 125×2 250×3 800×5
      400×2 150×4 220×4 900×2
      500×2 125×4 240×3 750×2

561. 1° 10×12 2° 20×12 **562.** 1° 18×15 2° 25×16
      12×12 25×12 20×11 25×20
      15×12 10×15 30×11 60×20
      18×11 20×16 19×10 25×30
      25×11 14×15 20×15 80×20

563. 1° Que valent 2 pommes à 3 sous la pièce ?
2° Que valent 5 mètres de drap à 7 francs le mètre ?
3° Combien y a-t-il de jours dans 4 semaines ?

564. 1° Combien y a-t-il de bougies dans 5 paquets de 8 chacun ?
2° Le kilogramme de café valant 5 francs, que valent 9 kilogrammes ?
3° La bouteille de vin de Champagne valant 6 francs, que coûteraient 12 bouteilles de ce vin ?

565. 1° Combien y a-t-il de jours dans 4 mois de 30 jours ?
2° Que valent 3 chevaux à 500 francs chacun ?

566. 1° Que vaut une douzaine de volumes à 2 francs l'un ?
2° Un ouvrier gagne 5 francs par jour ; que gagne-t-il par semaine de 6 jours de travail ?

567. 1° Combien y a-t-il d'heures dans trois jours ?
2° Combien y a-t-il de litres dans 5 décalitres ?

568. 1° Combien de sous vaut une pièce de 5 francs ?
2° A 8 francs la douzaine d'assiettes, combien la grosse (12 douzaines) ?

569. A 15 francs le mètre de drap, que doit-on payer :

> 1° pour 8 mètres ?   3° pour 16 mètres ?
> 2° pour 80 mètres ?   4° pour 160 mètres ?

570. Un main de papier contient 25 feuilles, et une rame contient 20 mains. Combien une rame contient-elle :

> 1° de feuilles ?   2° de demi-feuilles ?

571. Un régiment se compose de 4 bataillons de chacun 600 hommes. Combien y a-t-il d'hommes :

> 1° dans 1 régiment?   2° dans 2 régiments?

572. Une école se compose de 6 classes de chacune 52 élèves. Combien y a-t-il d'élèves dans l'école ?

573. Paris est divisé en 20 arrondissements, et chaque arrondissement est divisé en 4 quartiers. Combien y a-t-il de quartiers dans Paris ?

574. On veut donner 10 noix à chacun des 48 élèves d'une classe. Combien faut-il de noix ?

575. Un fermier a 4 bœufs, qui valent chacun 500 francs. Que valent les 4 bœufs ?

576. On ne doit pas dire 1 sou, mais 5 centimes. Que faut-il dire, au lieu de :

> 3 sous ?   10 sous ?   15 sous ?
> 5 sous ?   11 sous ?   17 sous ?
> 8 sous ?   13 sous ?   18 sous ?
> 9 sous ?   14 sous ?   19 sous ?

577. Je gagne 7 francs par jour et j'en dépense 5. Combien puis-je économiser par semaine ? Je ne travaille pas le dimanche.

Il me reste chaque jour 2 francs.
Je puis donc économiser par semaine 6 fois 2 francs ou $2^f \times 6$.

578. Un voyageur dépense 2 francs à son déjeuner et 3 francs à son dîner. Combien dépense-t-il ainsi en 12 jours ?

Il dépense 12 fois $(2^f + 3^f)$ ou $5^f \times 12$.

579. Chacune des deux mâchoires de l'homme porte 4 dents incisives, 2 canines, 4 petites molaires et 6 grosses molaires. Quel est le nombre total des dents de l'homme ?

580. Un ouvrier gagne par mois 150 francs et dépense 135 francs. Combien peut-il économiser par an ?

EXERCICES ÉCRITS

	1°		2°	
581.	30 fr. $\times$ 6		25 fr. $\times$ 6
582.	50 » $\times$ 8		80 » $\times$ 7
583.	23 » $\times$ 3		84 » $\times$ 4
584.	25 » $\times$ 4		24 » $\times$ 5
585.	55 » $\times$ 2		68 » $\times$ 5
586.	75 » $\times$ 3		72 » $\times$ 5
587.	75 » $\times$ 4		80 » $\times$ 6
588.	87 » $\times$ 5		58 » $\times$ 8
589.	68 » $\times$ 6		84 » $\times$ 7
590.	73 » $\times$ 7		59 » $\times$ 8
591.	125 lit. $\times$ 4		125 lit. $\times$ 8
592.	125 » $\times$ 6		150 » $\times$ 7
593.	250 » $\times$ 4		250 » $\times$ 8
594.	275 » $\times$ 6		275 » $\times$ 7
595.	350 » $\times$ 6		504 » $\times$ 9
596.	360 » $\times$ 5		450 » $\times$ 7
597.	452 » $\times$ 7		675 » $\times$ 6
598.	472 » $\times$ 5		680 » $\times$ 7
599.	609 » $\times$ 9		468 » $\times$ 5
600.	712 » $\times$ 8		853 » $\times$ 9
601.	2 870 gr. $\times$ 3		6 825 gr. $\times$ 4
602.	3 295 » $\times$ 5		4 806 » $\times$ 8
603.	3 876 » $\times$ 9		2 675 » $\times$ 7
604.	6 825 » $\times$ 6		9 638 » $\times$ 8
605.	6 219 » $\times$ 7		7 325 » $\times$ 6
606.	56 m. $\times$ 15		25 m. $\times$ 81
607.	73 » $\times$ 23		57 » $\times$ 34
608.	85 » $\times$ 52		65 » $\times$ 45
609	982 » $\times$ 37		495 » $\times$ 76
610.	590 » $\times$ 65		638 » $\times$ 82
611.	728 » $\times$ 90		853 » $\times$ 92
612.	499 » $\times$ 78		259 » $\times$ 49
613.	297 » $\times$ 54		835 » $\times$ 48
614.	486 » $\times$ 70		388 » $\times$ 91
615.	959 » $\times$ 75		690 » $\times$ 38

616.	9 425 u. × 36	3 298 u. × 74
617.	7 489 » × 73	6 409 » × 65
618.	3 904 » × 18	4 318 » × 83
619.	6 847 » × 60	3 749 » × 82
620.	4 817 » × 59	6 925 » × 67
621.	5 938 » × 64	5 684 » × 79
622.	6 293 » × 70	8 725 » × 98
623.	4 369 » × 86	6 738 » × 76
624.	587 » × 245	539 » × 500
625.	856 » × 436	817 » × 800
626.	754 » × 372	429 » × 720
627.	918 » × 456	645 » × 301
628.	827 » × 560	928 » × 740
629.	934 » × 470	879 » × 685
630.	756 » × 967	732 » × 820
631.	568 » × 640	925 » × 708
632.	925 » × 705	378 » × 480
633.	809 » × 307	548 » × 805
634.	4 908 » × 560	6 847 » × 583
635.	2 945 » × 450	9 364 » × 780
636.	9 607 » × 805	4 925 » × 684
637.	4 267 » × 740	3 259 » × 930
638.	5 860 » × 300	3 425 » × 519
639.	4 832 » × 701	2 925 » × 345
640.	4 039 » × 550	7 008 » × 409
641.	12 309 » × 150	42 600 » × 360

PROBLÈMES SUR LA MULTIPLICATION

642. Un commis gagne 125 francs par mois. Combien gagne-t-il par an ?

Il gagne par an   12 fois 125 francs   ou $125^f \times 12$.

643. Un négociant achète 7 pièces de vin de chacune 228 litres. Combien a-t-il en tout de litres de vin ?

644. Un train se compose de 15 voitures ayant chacune 50 places. Combien ce train peut-il emporter de voyageurs ?

645. Un canif coûte 3 francs. Que coûteront 7 douzaines de canifs ?

7 douzaines, c'est $12 \times 7 = 84$.

Prix des 7 douzaines : $3^f \times 84$.

646. Si le mètre d'étoffe vaut 9 francs, que paiera-t-on pour deux pièces de chacune 60 mètres de cette étoffe ?

647. La butte Montmartre, à Paris, est élevée de 120 mètres au-dessus du niveau de la mer. Le mont Blanc, dans les Alpes, est quarante fois plus élevé. Quelle est la hauteur du mont Blanc ?

648. Combien y a-t-il de plumes dans 5 boîtes qui en contiennent chacune une grosse ? (Une grosse, c'est 12 douzaines.)

Nombre de plumes 144×5.

649. Combien y a-t-il de jours dans un siècle, sachant que dans un siècle il y a 25 années bissextiles, c'est-à-dire de 366 jours ?

650. Un patron a 28 ouvriers à payer ; il doit 125 francs à chacun des 10 premiers, et 95 francs à chacun des autres. Quelle somme lui est nécessaire pour faire sa paye ?

651. Une automobile parcourt 580 mètres par minute ; combien parcourt-elle de kilomètres à l'heure ?

652. Combien y a-t-il de figues dans 12 paniers, dont 7 en contiennent chacun 840, et les autres chacun 720 ?

653. Chaque soldat coûte à l'État 834 francs d'entretien et de nourriture. Combien coûte donc l'entretien annuel d'une armée de 400 000 hommes ?

654. Un ouvrier qui gagne 120 francs par mois ne dépense que 109 francs. Combien aura-t-il économisé ainsi au bout de 10 ans ?

655. Un marchand a 14 douzaines de mouchoirs. Combien lui restera-t-il de mouchoirs quand il en aura vendu 38 ?

656. Un commerçant qui devait 2 000 francs à son propriétaire, lui a fourni 4 pièces de vin valant chacune 165 francs ; combien lui doit-il encore ?

Système métrique

MESURES DE POIDS

Le pain se vend au poids.

81. L'unité principale des mesures de poids pour les pesées ordinaires est le **KILOGRAMME**.

Le *kilogramme* (**kg**) est le poids d'un décimètre cube d'eau pure.

82. Un **cube** est un solide limité par six faces qui sont des carrés égaux.

EXEMPLE : Un dé à jouer.

Les lignes droites formées par la rencontre des deux faces se nomment *arêtes*.

Cube.

Un décimètre cube est un cube de 1 décimètre d'arête.

Un décimètre cube creux contient 1 litre.

Un litre d'eau pèse 1 kilogramme.

83. Les multiples décimaux du kilogramme sont :

Le *quintal métrique* (**q**) qui vaut   100 kilogrammes
La *tonne métrique* (**t**)   —   1000   —

84. L'unité de poids pour les petites pesées est le **GRAMME**.

Le *gramme* (**g**) est le millième du kilogramme ; c'est le poids d'un centimètre cube d'eau pure.

85. Les multiples décimaux du gramme sont :

le *décagramme* (**dag**)   qui vaut   10 grammes
l'*hectogramme* (**hg**)   —   100   —

Les sous-multiples décimaux du gramme sont :

le *décigramme* (**dg**) qui vaut 1 dixième de gramme 0^g,1
le *centigramme* (**cg**)   —   1 centième   —   0^g,01
le *milligramme* (**mg**)   —   1 millième   —   0^g,001

86. Les poids sont en fonte ou en cuivre jaune. Les poids en fonte sont à base rectangulaire ou à base hexagonale et munis d'un anneau ; les poids en cuivre sont de forme cylindrique avec un bouton à la partie supérieure.

87. Les poids en *fonte* sont le demi-hectogramme, l'hectogramme, etc., jusqu'au poids de 50 kilogrammes.

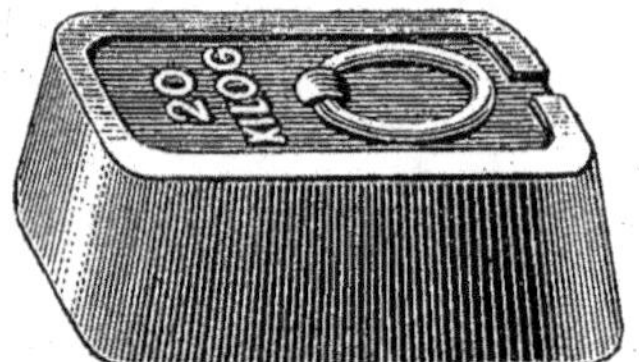

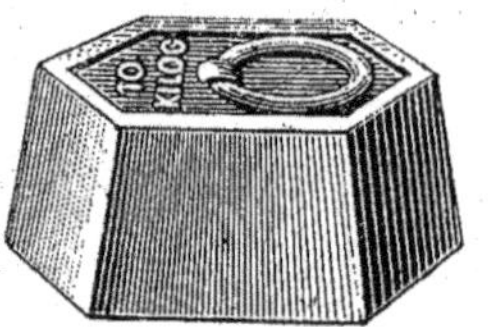

Gros poids en fonte.
50 kilog.
20 kilog.

Poids moyens en fonte.

10 kilog.	Demi-kilog.
5 —	2 hectog.
2 —	1 —
1 —	Demi-hectog.

Les poids en *cuivre*, à bouton, sont le gramme, etc., jusqu'au poids de 10 kilogrammes.

Au-dessous du gramme, les poids sont de petites lames en laiton.

Le moindre est le milligramme.

Poids en cuivre.
10 kilog., etc.,
jusqu'au gramme.

Poids en lames.
5 décigr., etc.,
jusqu'au milligramme.

88. La *balance* est l'instrument qui sert à peser les objets.

Les balances les plus employées sont : la *balance ordinaire* et la *balance Roberval*.

Balance ordinaire.

BB', fléau. — C, couteau, arète sur laquelle la balance oscille. — A, aiguille de vérification.

Balance Roberval.

Les plateaux, au lieu d'être suspendus au-dessous du fléau, sont placés au-dessus.

On évalue encore le poids des objets à l'aide d'appareils tels que la *bascule*, la *romaine* et le *peson*.

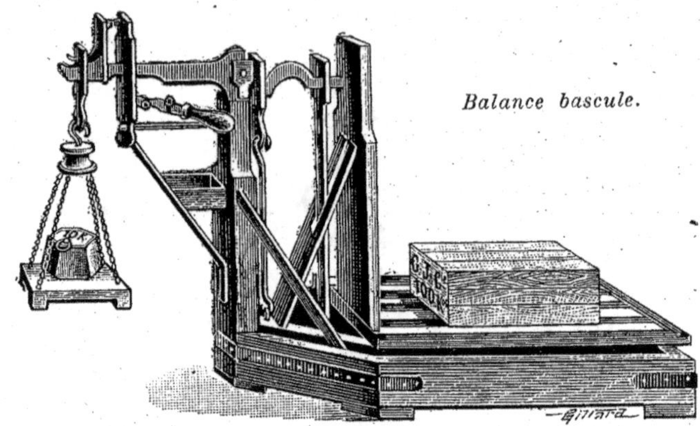

Balance bascule.

Un poids de 1 kilogramme placé sur le petit plateau fait équilibre à un poids de 10 kilogrammes placé sur le grand plateau.

EXERCICES ORAUX

657. Combien y a-t-il de grammes :

en	2 dag ?	5 hg ?	3 kg ?
	5 dag ?	8 hg ?	7 kg ?

en	2 dag 5 g ?	5 hg 3 g ?	1 kg 5 hg ?
	6 dag 2 g ?	4 hg 5 g ?	9 kg 4 dag ?

658. Combien y a-t-il de décagrammes :

en	5 hg ?	2 kg ?	12 kg 5 hg ?
	8 hg ?	4 kg ?	7 kg 45 dag ?

659. Combien y a-t-il d'hectogrammes :

en	20 kg ?	30 dag ?	1 500 g ?
	50 kg ?	70 dag ?	2 800 g ?

660. Combien y a-t-il de kilogrammes :

en	2 500 g ?	500 dag ?	80 hg ?
	3 800 g ?	320 dag ?	150 hg ?

661. Combien y a-t-il de décigrammes :

en	25 g ?	1 dag ?	5 hg ?
	150 g ?	5 dag ?	4 hg 2 dag ?

662. Combien y a-t-il de centigrammes :

en   2 g?   3 dag?   8 hg ?
        50 g?   12 dag?   10 hg ?

663. Exprimer en hectogrammes, puis en décagrammes :

3 250 g   4 805 g   17 500 g
1 265 g   2 005 g   20 450 g

EXERCICES ÉCRITS

664. Ecrire en grammes et additionner :

5 dag   8 kg 45 g
8 hg 5 dag   7 hg 8 g
7 hg 7 g   75 dag 2 g

665. Ecrire en kilogrammes et additionner :

5 000 g   2 kg 4 hg.
80 kg   5 hg 25 g.
340 dag   12 dag 7 g.

666. Faire les soustractions suivantes :

3 kg — 5 hg   720 kg — 120 kg 6 hg
17 kg — 39 hg   38 kg — 590 dag
15 kg — 75 dag   100 kg — 9 kg 5

667. Le kilogramme d'une marchandise valant 1 franc, que valent :

50 kg?   50 hg ?   300 dag?
8 hg?   100 kg ?   250 g?

668. Le kilogramme de café valant 5 francs, que valent :

l'hectogramme ?   le quintal ?
le décagramme ?   50 kilogrammes ?

669. A raison de 65 francs la tonne de houille, que vaut le quintal ?

La tonne vaut 10 quintaux.
Le quintal coûte donc 10 fois moins que la tonne.

670. Un sac de blé pèse 157 kilogrammes. Dire en quintaux le poids de 48 sacs de ce blé.

Poids total $157^{kg} \times 48$.
Le nombre de quintaux est le centième du produit.

671. Le kilogramme de café valant 4 francs, que paiera-t-on pour 8 sacs qui en contiennent chacun 75 kilogrammes ?

Poids des 8 sacs $75^{kg} \times 8 = 600^{kg}$.
Il n'y a plus qu'à multiplier 4^f par 600.

672. Une caisse de bougies en contient 150 paquets, pesant chacun 485 grammes. Dire le poids total en kilogrammes.

673. Combien doit-on payer pour un morceau de bœuf de 1 kilogramme, à raison de 1^f,40 les 5 hectogrammes?

674. L'hectolitre de blé pesant 75 kilogrammes, quel est le poids total de 8 sacs contenant chacun 2 hectolitres de blé?

675. Un épicier a acheté 10 kilogrammes de thé à 7 francs le kilogramme et il a revendu le tout à raison de 0^f,90 l'hectogramme. Combien a-t-il gagné?

676. Le quintal de savon coûtant 45 francs, que coûtent : 1° le kilogramme? 2° la tonne métrique?

677. De quels poids (le moins possible) doit-on se servir pour vérifier un poids de 3^{kg},625?

Notions de Géométrie

POLYGONES

89. Un *polygone* est une figure limitée par des droites qui se rencontrent.

90. Un *triangle* est un polygone qui a trois angles et trois côtés.

La **base** d'un triangle est le côté sur lequel il repose. La base peut être l'un quelconque de ses trois côtés.

Le **sommet** d'un triangle est le sommet de l'angle opposé à sa base.

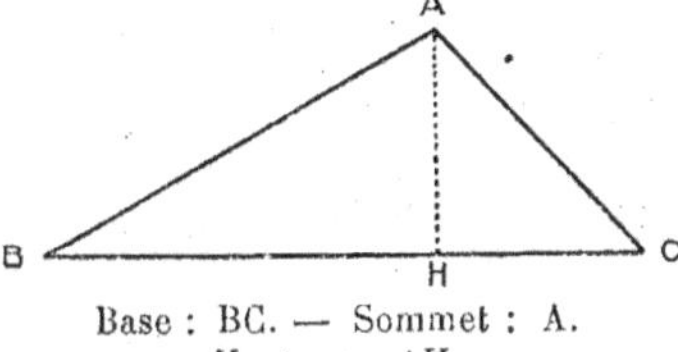

Base : BC. — Sommet : A.
Hauteur : AH.

La **hauteur** d'un triangle est la perpendiculaire abaissée du sommet sur la base.

Un triangle est **isocèle** quand il a deux de ses côtés égaux.

Un triangle est **équilatéral** quand ses trois côtés sont égaux.

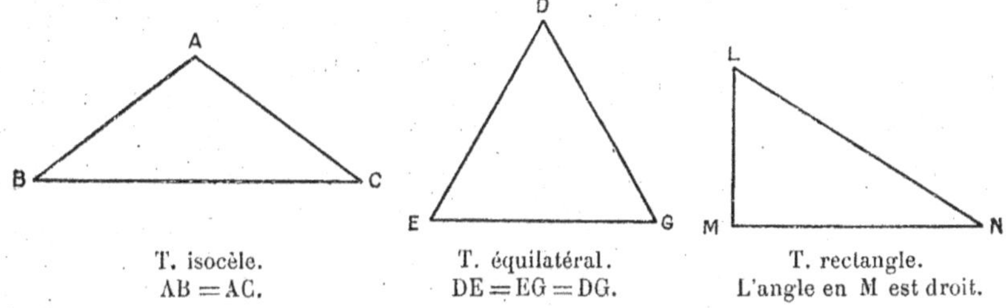

T. isocèle.
AB = AC.

T. équilatéral.
DE = EG = DG.

T. rectangle.
L'angle en M est droit.

Un triangle est **rectangle** quand l'un de ses angles est un *angle droit*.

91. Un *quadrilatère* est un polygone de 4 côtés.

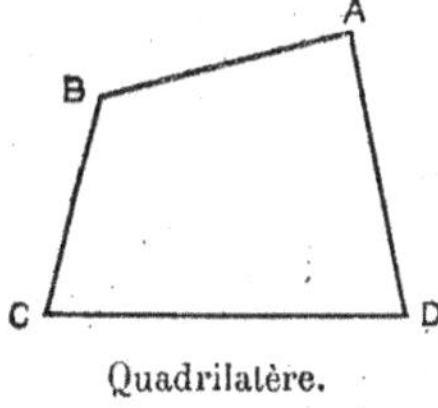

Quadrilatère.

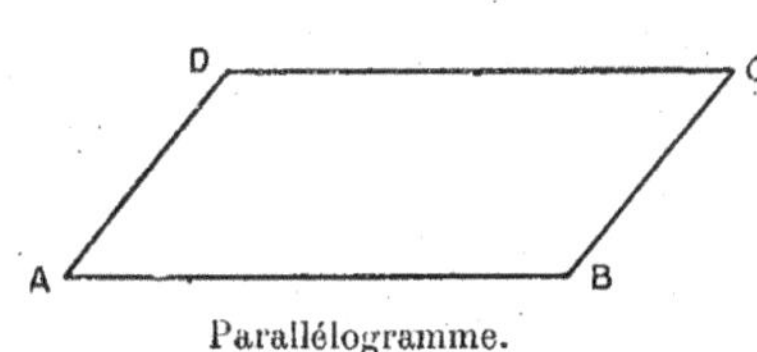

Parallélogramme.

Un *parallélogramme* est un quadrilatère dont les côtés opposés sont parallèles.

92. Un **rectangle** est un parallélogramme dont les angles sont droits.

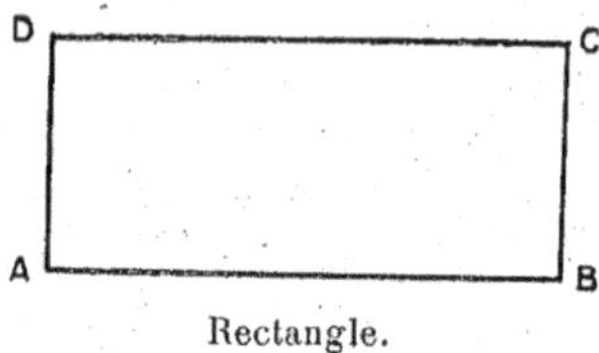

Rectangle.

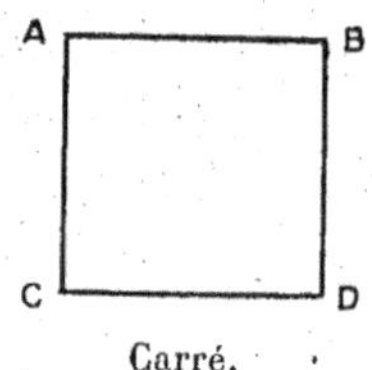

Carré.

93. Un **carré** est un parallélogramme dont les quatre côtés sont égaux et dont les angles sont droits.

94. Un **losange** est un parallélogramme dont les côtés sont égaux, mais dont les angles ne sont pas droits.

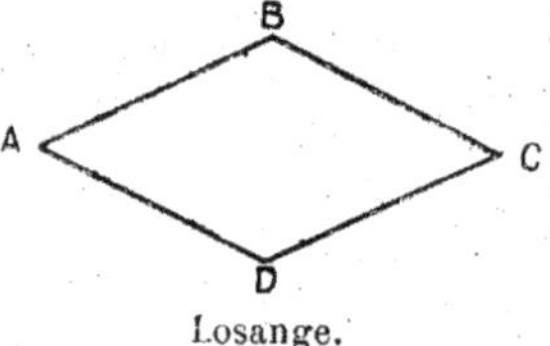

Losange.

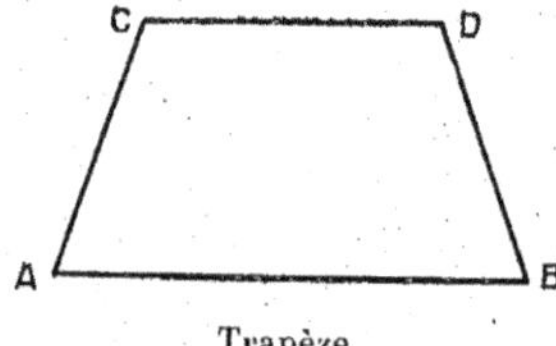

Trapèze.

95. Un **trapèze** est un quadrilatère dont deux côtés seulement sont parallèles.

96. Les autres polygones principaux sont :

> Le **pentagone**, qui a 5 côtés ;
> L'**hexagone**, qui a 6 côtés ;
> L'**octogone**, qui a 8 côtés ;
> Le **décagone**, qui a 10 côtés.

97. Un polygone est **régulier** lorsque tous ses côtés sont égaux ainsi que tous ses angles.

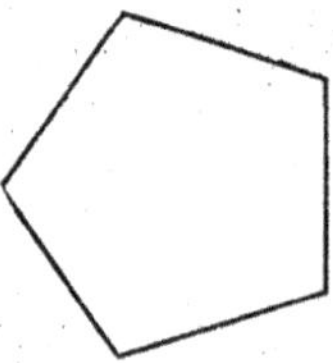

Pentagone régulier.

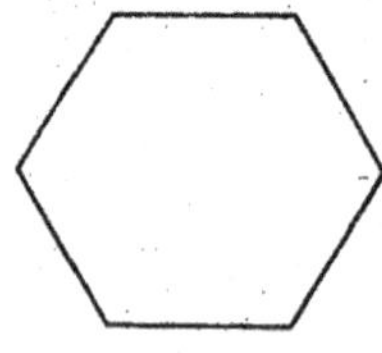

Hexagone régulier.

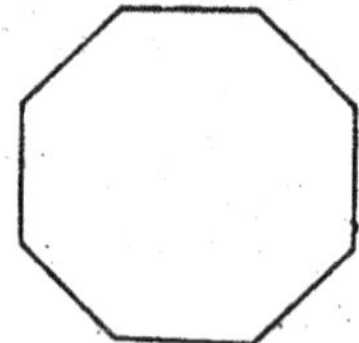

Octogone régulier.

Le triangle équilatéral et le carré sont des polygones réguliers.

98. On appelle **diagonale** la droite qui joint les sommets de deux angles d'un polygone.

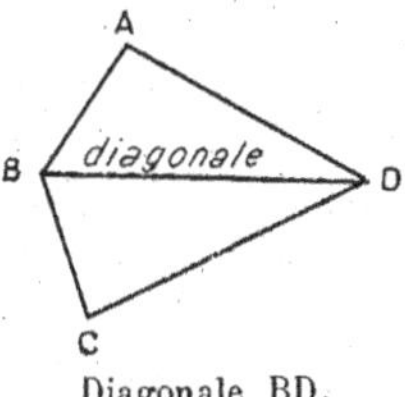

Diagonale BD.

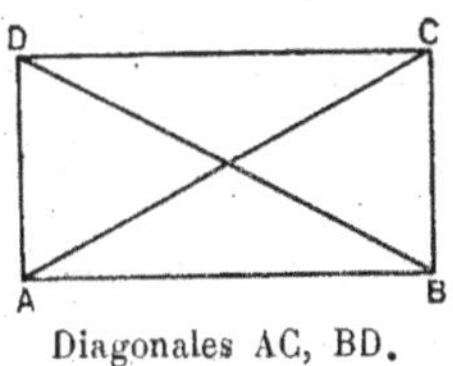

Diagonales AC, BD.

PROBLÈMES DE REVISION

678. Un couvreur achète 17 000 ardoises à raison de 35 francs le mille. Que doit-il payer ?

Il faut multiplier 35^f par 17.

679. Combien y a-t-il d'oranges dans 10 caisses qui en contiennent chacune 150 douzaines ?

Les 10 caisses contiennent $150 \times 10 = 1\,500$ douz.
Le nombre total des oranges est $12 \times 1\,500$ ou $1\,500 \times 12$.

680. Un marchand achète 63 bœufs à 428 francs l'un et 57 vaches à 356 francs l'une. Combien a-t-il à payer ?

681. Un cycliste fait 160 hectomètres à l'heure. Dire en kilomètres quel chemin il aura fait au bout de 7 heures.

160 hm c'est 16 km.
Il faut multiplier 16 km par 7.

682. Une somme se compose de 3 billets de 500 francs, de 12 billets de 100 francs et de 6 billets de 50 francs. Quelle est cette somme ?

683. Une fontaine donne 532 litres d'eau par heure ; combien en donnerait-elle en un mois de 30 jours ?

684. Une somme est formée de 38 pièces de 5 francs, de 53 pièces de 2 francs et de 154 pièces de 1 franc. Quelle est cette somme ?

685. Combien gagne par an une personne qui gagne par mois : 1° 100 francs ; 2° 175 francs ?

686. Il y a dans une forêt 2385 chênes, 1578 ormes et 1740 hêtres ; on fait abattre 175 arbres de chaque espèce. Combien restera-t-il d'arbres en tout ?

687. Un employé gagne 145 francs par mois; son loyer annuel payé, il lui reste, pour vivre, 1 290 francs. Quel est son loyer?

688. Un épicier avait un millier d'œufs; il en a vendu 50 douzaines; combien lui reste-t-il d'œufs?

689. Une pièce de vin coûte 125 francs d'achat et 15 francs de transport et autres frais; combien coûteraient 56 pièces semblables?

690. Un ouvrier gagne 5 francs par jour; combien gagne-t-il en 3 mois (12 semaines), s'il travaille 6 jours par semaine?

691. Un employé économise 12 francs par mois; combien aura-t-il économisé au bout de 5 ans?

692. J'ai acheté 3 coupons de soie : l'un de 26 mètres à 4 francs le mètre, l'autre de 38 mètres à 5 francs le mètre et le troisième de 50 mètres à 6 francs le mètre. Combien ai-je à payer?

693. Un commis gagne 175 francs par mois; s'il dépense par an 1 850 francs, quelle économie fait-il?

694. Un fermier vend 15 vaches à 360 francs l'une et 8 autres à 345 francs l'une. Il avait acheté toutes ses vaches à raison de 355 francs l'une. Gagne-t-il ou perd-il sur la vente et combien?

695. Une voiture publique fait le service entre deux points éloignés de 3 kilomètres 80 mètres; les mêmes chevaux font dans la journée 3 fois le parcours aller et retour. Quel chemin font ces chevaux?

696. Un train de chemin de fer parti de Paris à 8 heures du matin arrive à Orléans à 10 h. 1/4. Sachant qu'il fait 60 kilomètres à l'heure, dire la distance de Paris à Orléans.

697. Il y a dans une administration 25 employés dont le traitement mensuel est de 200 francs et 10 autres dont le traitement annuel est de 3 000 francs. Quelle somme faut-il par an pour les payer?

698. Un sac de blé pèse 150 kilogrammes et un sac d'avoine pèse 15 kilogrammes de moins. D'après cela, dire ce que pèsent en total 50 sacs de blé et 50 sacs d'avoine.

699. Un marchand a acheté 45 paires de chaussures à 12 francs la paire. Il les a revendues toutes à raison de 15 francs la paire. Quel a été son bénéfice?

700. Un ouvrier gagne 6 francs par jour. Combien gagne-t-il par an, sachant qu'il y a 70 jours pendant lesquels il ne travaille pas?

Arithmétique

MULTIPLICATION DES NOMBRES DÉCIMAUX

99. Règle. *La multiplication des nombres décimaux se fait comme celle des nombres entiers, mais on a soin de séparer à la droite du produit autant de chiffres décimaux qu'il y en a dans les deux facteurs.*

EXEMPLES :

8,36		
45	Il faut séparer au produit 2 chiffres décimaux parce qu'il y en a deux au multiplicande.	
4180		
3344		
376,20		

9,038		
1,05	Il faut séparer au produit 5 chiffres décimaux parce qu'il y en a 3 au multiplicande et 2 au multiplicateur.	
45190		
90380		
9,48990		

100. Multiplier un nombre décimal par 10, 100, 1000, etc.

On déplace la virgule de 1, 2, 3... rangs vers la droite. Car cela revient à rendre le nombre décimal 10, 100, 1000... fois plus grand.

EXEMPLES : $7,35 \times 10 = 73,5.$
$0,475 \times 100 = 47,5.$

Si le nombre n'a pas assez de chiffres décimaux, on y supplée par des zéros qu'on écrit à sa droite.

EXEMPLES : $0,5 \times 100 = 50.$
$3,8 \times 1000 = 3800.$

101. Multiplier un nombre décimal par 0,1, 0,01, 0,001, etc.

On déplace la virgule de 1, 2, 3... rangs vers la gauche. Car cela revient à rendre le nombre décimal 10, 100, 1000... fois plus petit.

EXEMPLES : $25 \times 0,01 = 0,25.$
$150 \times 0,01 = 1,50.$

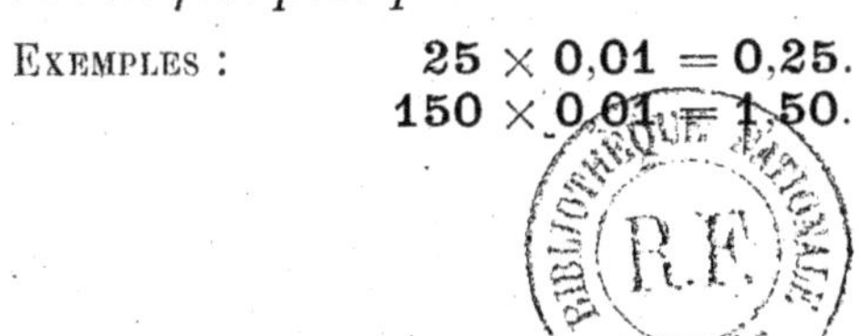

PREUVE DE LA MULTIPLICATION

102. Pour faire la *preuve d'une multiplication*, on multiplie le multiplicateur par le multiplicande. Le produit doit être le même que celui de l'opération qu'on veut vérifier.

EXEMPLE :   **856 × 167**.

Opération à vérifier :	Preuve :
856	167
167	856
5992	1002
5436	835
856	1336
142952	142952

Le second produit étant égal au premier, on en conclut que la première opération est bien faite.

EXERCICES ORAUX

701.
$0^f,10 \times 4$
$0^f,10 \times 5$
$0^f,20 \times 6$
$0^f,20 \times 7$
$0^f,50 \times 8$

702.
$0^f,50 \times 5$
$0^f,25 \times 2$
$0^f,50 \times 4$
$0^f,75 \times 2$
$0^f,60 \times 3$

703.
$0^f,80 \times 2$
$0^f,60 \times 5$
$0^f,75 \times 4$
$0^f,90 \times 2$
$1^f,50 \times 2$

704.
$1^m,50 \times 2$
$1^m,50 \times 3$
$1^m,50 \times 4$
$2^m,50 \times 2$
$2^m,50 \times 4$

705.
$2^m,50 \times 2$
$2^m,50 \times 3$
$3^m,50 \times 2$
$4^m,50 \times 2$
$1^m,20 \times 5$

706.
$4^l,20 \times 3$
$4^l,25 \times 4$
$2^l,50 \times 5$
$7^l,50 \times 2$
$7^l,25 \times 4$

707.
$0^{kg},50 \times 6$
$0^{kg},50 \times 8$
$0^{kg},25 \times 6$
$0^{kg},25 \times 8$
$0^{kg},80 \times 3$

708.
$12^f,50 \times 2$
$6^f,25 \times 3$
$10^f,50 \times 2$
$1^f,25 \times 10$
$1^f,25 \times 20$

709.
$1^f,50 \times 8$
$2^f,50 \times 10$
$0^f,75 \times 6$
$0^f,75 \times 12$
$0^f,40 \times 25$

EXERCICES ORAUX OU ÉCRITS

710. Le litre de vin coûtant $0^f,65$, que coûtent :

1° 10 litres ?   3° 2 litres ?
2° 100 litres ?   4° 20 litres ?

711. 1° Combien vaut la dizaine de bougies, si une bougie vaut 0^f,15?

2° Combien vaut le cent de pommes, si une pomme vaut 0^f,03?

712. Combien vaut le millier d'œufs :

1° si un œuf vaut 0^f,05?

2° si le cent vaut 7^f,50 ?

713. Dire la somme qui est :

1° 10 fois plus grande que 1^f,25.

2° 100 fois plus grande que 1^f,25.

714. A 5 centimes l'orange, combien :

1° le cent?   3° le demi-cent?

2° le mille?   4° les 5 cents?

715. On vend les pigeons 1^f,25 pièce ;

1° Combien la paire?   3° Combien 6 pigeons?

2° Combien les dix?   4° Combien la douzaine?

716. Le mètre de calicot valant 0^f,75, que valent :

1° 20 mètres?

2° 200 mètres de ce calicot?

20 mètres coûteront 20 fois 0^f,75 ou 0^f,75 × 20.

200 mètres coûteront 10 fois plus que 20 mètres.

717. Une personne dépense 1^f,50 à son déjeuner et 2 francs à son dîner. Combien dépense-t-elle ainsi en 2 jours?

Elle dépense ainsi par jour   1^f,50 + 2^f = 3^f,50

et, en 2 jours   3^f,50 × 2.

718. Un ouvrier achète tous les matins 0^f,10 de tabac et boit un verre d'eau-de-vie de 0^f,15. Combien dépense-t-il ainsi inutilement par mois de 30 jours?

719. Le kilogramme de sucre vaut 0^f,65. Que doit-on payer pour 2 caisses qui en contiennent chacune 10 kilogrammes?

Les 2 caisses contiennent ensemble 20 kilogrammes.

Le tout vaut   0^f,65 × 20.

720. Un ouvrier qui travaille 10 heures par jour, gagne 0^f,75 à l'heure. Combien gagne-t-il en 10 jours ?

721. Un laitier a fourni chaque jour dans un ménage 2 litres de lait à 0^f,25 le litre; quelle somme doit-il réclamer au bout d'un mois de 30 jours ?

722. Un fermier a 8 vaches qui fournissent chacune par jour 10 litres de lait qu'il vend 0^f,20 le litre. Quelle somme retire-t-il par semaine de la vente de son lait?

723. Un marchand achète 1 000 kilogrammes de plomb à 37^f,50 les 100 kilogrammes. Quelle somme déboursera-t-il?

Il déboursera   37^f,50 × 10.

724. Quand la tonne de charbon de terre coûte 65 francs, que doit-on payer pour 200 kilogrammes?

725. Le quintal de café valant 600 francs, que valent 5 kilogrammes de ce café?

726. Un cent de pommes a coûté 12^f,50; quel bénéfice fera-t-on en les revendant 15 centimes pièce?

EXERCICES ÉCRITS

727.	1°	3^f,50 × 10	3°	4^f,20 × 100	
	2°	9^f,25 × 10	4°	18^f,75 × 100	
728.	1°	218^f,05 × 10	3°	508^f,60 × 100	
	2°	2^f,05 × 100	4°	17^f,4 × 1000	
729.	1°	2^f,50 × 10	3°	9^f,05 × 100	
	2°	0^f,45 × 100	4°	0^f,08 × 1000	
730.	1°	3^f,56 × 300	2°	7^f,05 × 800	
731.		0^f,08 × 700		0^f,375 × 400	

732.	4^f,25 × 2	4^f,50 × 2
733.	0^f,75 × 4	0^f,25 × 4
734.	1^f,25 × 3	0^f,80 × 3
735.	1^f,25 × 4	2^f,25 × 4
736.	7^f,20 × 5	5^f,80 × 5
737.	8^f,50 × 6	7^f,50 × 6
738.	1^f,05 × 8	2^f,05 × 8
739.	4^f,10 × 9	5^f,20 × 9
740.	4^f,25 × 3	8^f,60 × 3
741.	2^f,80 × 7	6^f,50 × 7
742.	4^m,50 × 12	18^m,50 × 12
743.	28^f,45 × 8	56^f,60 × 14
744.	7^m,50 × 12	16^m,75 × 48
745.	8^m,75 × 16	28^m,40 × 45
746.	9^m,25 × 20	37^m,20 × 50
747.	12^m,50 × 24	45^m,60 × 75
748.	24^m,60 × 35	154^m,45 × 108
749.	17^l,32 × 15	32^l,75 × 38

750.	1°	$360^l,80 \times 45$	2°	$728^l,50 \times 45$
751.		$428^l \times 3,6$		$642^l \times 4,3$
752.		$8^l,4 \times 6,5$		$29^l,05 \times 3,5$
753.		$39^l,25 \times 48,3$		$712^l,6 \times 2,95$
754.		$208^l,75 \times 3,6$		$29^l,40 \times 7,60$
755.		$630^l,08 \times 45,04$		$928^l,72 \times 27,02$
756.		$75^l,65 \times 82,94$		$49^l,08 \times 17,03$

PROBLÈMES SUR LA MULTIPLICATION DES NOMBRES DÉCIMAUX

757. Quel est le prix de 12 litres de vin : 1° à $0^f,50$ le litre ? 2° à $0^f,75$ le litre ?

758. Le mètre de drap valant $9^f,25$, que coûtent : 1° 4 mètres ? 2° 8 mètres ? 3° 16 mètres de drap ?

759. Un ouvrier dépense dans chaque matinée $0^f,25$ et dans chaque après-dîner $1^f,75$. Combien dépense-t-il par semaine ?

760. Un bijoutier achète 75 montres à $24^f,50$ l'une. Que doit-il payer ?

761. J'achète $12^{kg},50$ de bœuf à 2 francs le kilogramme. Combien ai-je à payer ?

762. Un escalier a 99 marches de 17 centimètres de haut. Dire la hauteur de l'escalier.

763. En partageant également une somme entre 7 personnes, chacune a eu $97^f,50$. Quelle était la somme à partager ?

764. La pièce de 5 centimes a $0^m,025$ de diamètre. Quelle longueur obtiendrait-on en alignant : 1° 100 de ces pièces ? 2° 120 de ces pièces ?

765. Le kilogramme de pain valant $0^f,35$, que valent 50 pains de 2 kilogrammes ?

766. Une caisse de bougies en contient 150 paquets pesant chacun 485 grammes. Dire le poids total de cette caisse : 1° en kilogrammes ; 2° en hectogrammes.

767. 1 franc pesant 5 grammes, dire en kilogrammes ce que pèse une somme de 15 000 francs en argent.

768. Une personne veut acheter $28^m,75$ de drap à $13^f,40$ le mètre ; mais elle n'a que 320 francs. Combien lui manque-t-il pour payer son achat ?

769. Le kilogramme de viande valant $2^f,40$, que doit-on payer pour un morceau qui pèse $6^{kg},5$?

RÉSOLUTION DES PROBLÈMES

Addition et multiplication.

770. Problème-type. — *Un jardinier a vendu 35 salades à 0^f,15 pièce, 24 choux à 0^f,20 l'un, et 18 bottes d'oignons à 0^f,25 la botte. Combien a-t-il reçu?*

Prix des salades :	0^f,15 × 35 =	5^f,25
Prix des choux :	0^f,20 × 24 =	4^f,80
Prix des oignons :	0^f,25 × 18 =	4^f,50
Recette totale :		

Problèmes analogues.

771. Un rentier, après avoir payé son loyer qui est de 750 francs par an, peut dépenser 6 francs par jour. Quel est son revenu annuel?

772. On achète une pièce de vin de 224 litres à 0^f,60 le litre. On paye en plus 8^f,50 de transport et 6^f,75 pour divers autres frais. A combien revient la pièce?

Chercher le prix des 224 litres de vin (0^f,60 × 224) et y ajouter les autres dépenses.

773. Un marchand de grains achète 20 sacs de blé à 41 francs le sac et 15 sacs d'avoine à 28 francs le sac. On ne lui fait payer que les centaines du montant total de son achat. Quelle somme a-t-il à débourser?

Soustraction et multiplication.

774. Problème-type. — *Un employé gagne 1800 francs par an. S'il dépense 4^f,80 par jour, combien lui reste-t-il à la fin de l'année?*

Il dépense par an	4^f,80 × 365 = 1 752^f.
Il lui reste	1 800^f — 1 752^f.

Problèmes analogues.

775. En échange d'une armoire qui vaut 160 francs, je donne 12 chaises à 7^f,50 pièce. Combien dois-je donner d'argent en plus?

776. Il y a dans une usine 100 ouvriers dont 64 gagnent par jour 5^f,75; les autres gagnent 0^f,75 de moins. Quelle somme faut-il par semaine de 6 jours de travail pour payer tous ces ouvriers?

Il y a 64 ouvriers à	5^f,75	
et 100 — 64 ouvriers à	(5^f,75 — 0^f,75)	ou 36 ouv. à 5^f.

Il faut faire les deux produits, les additionner et multiplier leur somme par 6.

777. Un commis gagne 175 francs par mois, mais on lui retient 3^f,50 par chaque jour d'absence. Combien doit-il toucher au bout d'un mois pendant lequel il s'est absenté 5 jours?

Multiplications successives.

778. Problème-type. — *Un ouvrier est payé à raison de 0^f,90 l'heure; il travaille 9 heures par jour et 26 jours par mois. Combien peut-il gagner par an?*

Il gagne par jour :   0^f,90 × 9 = 8^f,10.
 —   mois :   8^f,10 × 26 = 210^f,60.
 —   an : 210^f,60 × 12.

779. Un livre a 320 pages. Chaque page contient en moyenne 50 lignes, et chaque ligne 40 lettres. Combien y a-t-il de lettres en tout dans le livre?

780. En admettant qu'un soldat coûte 2 francs par jour, en moyenne, d'entretien et de nourriture, que coûte, par année de 365 jours, une armée de 400 000 hommes?

781. Un mètre de drap coûtant 8^f,50, que coûteront 8 pièces de chacune 45 mètres de ce drap?

Surplus ou réduction par dizaine, par centaine, par douzaine, etc.

782. Problème-type. — *J'achète 350 pommes et le marchand m'en donne 1 en plus par dizaine. Combien aurai-je de pommes : 1° en plus; 2° en tout?*

En 350, il y a 35 dizaines; j'aurai donc en plus 35 pommes.
En tout, j'en aurai :   350^p + 35^p.

Problèmes analogues.

783. J'achète 9 douzaines d'œufs et l'on m'en donne 13 pour 12; combien dois-je recevoir d'œufs ?

784. J'ai à payer 900 francs; mais on me fait une remise ou diminution de 2 francs par 100 francs. Combien ai-je à verser ?

785. A combien reviennent 2500 kilogrammes de charbon de terre, à raison de 54 francs les 1 000 kilogrammes, si on paie en plus 0^f,15 par 100 kilogrammes pour le transport ?

Système métrique

MESURES DE CONTENANCE

L'écolier vérifie la contenance d'un litre.

Un litre contient juste autant qu'un décimètre cube.
Il y a des bouteilles de 1 litre pour le vin, le vinaigre, etc.
Les pots ou boîtes à lait doivent contenir 1 litre.

103. L'unité principale des mesures de contenance est le **LITRE**.

Le *litre* (l) est la contenance d'un décimètre cube.
Un litre d'eau pèse 1 kilogramme.

104. Les multiples décimaux usuels du litre sont :

le *décalitre* (**dal**) qui vaut 10 litres
l'*hectolitre* (**hl**) — 100 —

Les sous-multiples décimaux usuels du litre sont :

le *décilitre* (**dl**) qui vaut 1 dixième de litre 0ˡ,1
le *centilitre* (**cl**) » 1 centième de litre 0ˡ,01

105. A l'aide du litre ou de ses multiples et sous-multiples, on mesure le vin, le vinaigre, le lait ou des matières sèches comme les graines, les marrons, etc.

106. Les mesures de contenance sont en bois pour les

matières sèches ; elles sont en étain, en fer-blanc ou en
cuivre étamé, pour les liquides.

107. Les mesures en *étain* sont des cylindres * dont la
profondeur est double du diamètre de la base.

Toutes les autres mesures sont des
cylindres dont la profondeur est égale
au diamètre de la
base.

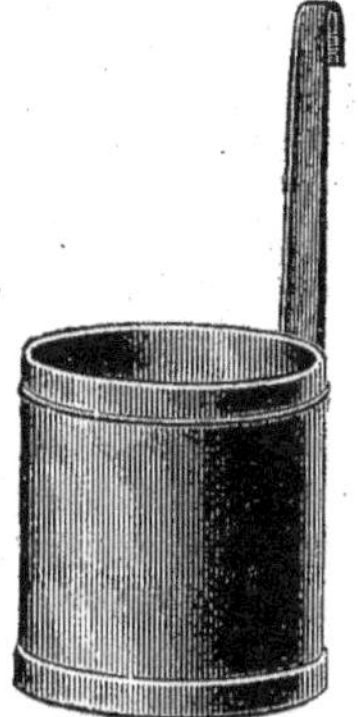

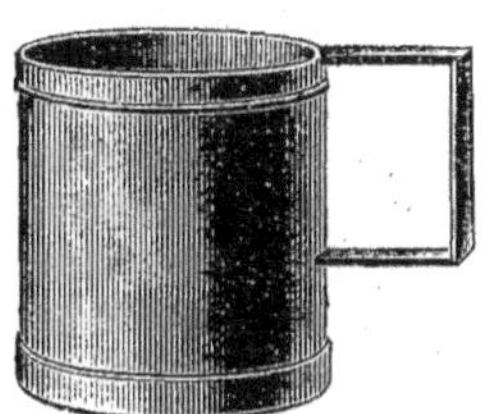

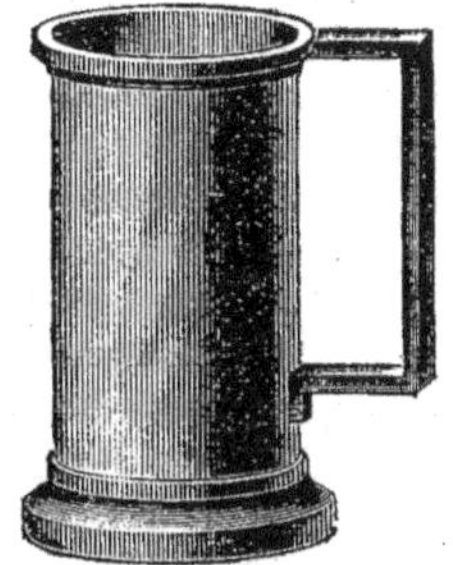

Mesure en *fer-blanc*   Mesure en *fer-blanc*   Mesure en *étain*
pour le lait.   pour l'huile.   pour le vin.

Double litre.	Décilitre.
Litre.	Demi-décilitre.
Demi-litre.	Double centilitre.
Double décilitre.	Centilitre.

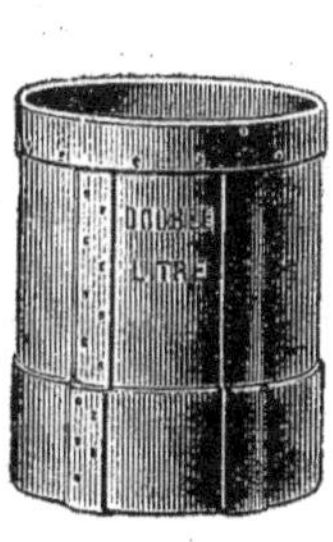

Mesures en bois.

Hectolitre.	Décalitre.	Demi-litre.
Demi-hectolitre.	Demi-décalitre.	Double décilitre.
Double décalitre.	Double litre.	Décilitre.
	Litre.	Demi-décilitre.

---

* Le cylindre est un solide qui a la forme d'un rouleau, d'un tuyau de poéle. Le diamètre d'un cylindre, c'est sa plus grande largeur.

EXERCICES ORAUX

786. Combien de litres :

en   2 décalitres?
      5 hectolitres ?
     30 hectolitres ?

787. Combien de décalitres :

en   30 litres ?
     500 litres ?
      12 hectolitres ?

788. Combien d'hectolitres :

en   800 litres ?
        1250 litres ?
          40 décalitres ?

789. Combien de décilitres :

en   1 litre ?
      2 litres ?
      5 décalitres ?
      3 hectolitres ?

790. Combien de centilitres :

en   1 litre ?
      7 litres ?
     15 décalitres ?
      8 hectolitres ?

EXERCICES ÉCRITS

791. Ecrire en litres et additionner :

3 décalitres 5 litres,
5 hectolitres 1 décalitre 5 litres,
5 hectolitres 8 litres.

792. Écrire et additionner :

 1 litre   8 décilitres,
 3 litres 25 centilitres,
12 litres   7 centilitres.

793.

De 1 hectolitre   ôter   1 décalitre.
De 1 hectolitre   ôter 25 litres.
De 1 décalitre   ôter   4 litres.
De 1 litre   ôter   3 décilitres.
De 1 litre   ôter 25 centilitres.

Faire les soustractions :

794.

3 dal — 1 dal 5 l
5 hl — 50 l
2 hl — 2 dal
8 dal — 60 l

795.

2 lit — 7 dl
4 lit — 1 lit 9 dl
2 lit — 50 cl
7 lit — 80 cl

796. A raison de 1 franc le litre, que doit-on payer :
1º pour une pièce de vin de 2 hectolitres 2 décalitres ?
2º pour 28 décalitres de ce vin ?

779. On a versé dans un tonneau 1 hectolitre 25 litres de vin, puis encore 5 décalitres de vin, et enfin on a rempli le tonneau avec 25 litres de vin. Quelle en est la contenance ?

798. Quand le litre de vin vaut 0^f,50, que vaut : 1° le décalitre ? 2° l'hectolitre ? 3° le double hectolitre ?

799. Quand le décalitre de haricots vaut 3 francs, que vaut : 1° le litre ? 2° l'hectolitre ?

800. On a 15 tonneaux de chacun 22 décalitres de vin. Combien cela fait-il : 1° d'hectolitres ? 2° de litres de vin ?

801. Dans une bouteille de 2 litres on a versé 1 demi-litre et 2 doubles décilitres d'eau. Combien faut-il y verser encore de centilitres d'eau pour qu'elle soit pleine ?

802. Le litre de vin valant 50 centimes, que coûte un tonneau: 1° de 2 hectolitres ? 2° de 2^{hl},24 de ce vin ?

803. Un tonneau rempli d'eau pèse 253 kilogrammes; vide, il pèse 34 kilogrammes. Quelle est sa contenance ?

Il contient 253^{kg} — 34^{kg} d'eau et le kilogramme d'eau c'est un litre d'eau.

804. Quel est le poids : 1° de 75 litres d'eau ?
2° de 3^{hl},75 d'eau ?

805. Quel est le poids d'un tonneau vide, sachant que, plein d'eau, il pèse 250 kilogrammes et que sa contenance est de 226 litres ?

226 litres d'eau pèsent   226 kilogrammes.
Le tonneau vide pèse   250^{kg} — 226^{kg}.

806. Un train transporte 308 tonneaux contenant chacun 4 hectolitres de cidre. Combien cela fait-il en tout de litres et de décalitres?

807. Un marchand a 17 hectolitres de marrons; il en vend 850 litres pour 100 francs et le reste à raison de 1 franc le décalitre. Combien doit-il recevoir ?

808. Un hectolitre de vin coûte 38 francs. Combien valent 10 tonneaux contenant chacun 4 hectolitres de ce vin ?

809. L'hectolitre de blé pèse 76^{kg},50; que pèsent 15 décalitres de ce blé? Dire le poids en kilogrammes et grammes.

810. Une famille consomme 8 litres de vin par semaine; combien en consomme-t-elle d'hectolitres par an, en comptant l'année de 52 semaines ?

811. Un cheval consomme par jour 15 litres d'avoine. Combien en faut-il d'hectolitres pour le nourrir pendant un an ?

————

Notions de Géométrie

CIRCONFÉRENCE ET CERCLE

108. La plus importante des lignes courbes est la *circonférence*.

La circonférence est une courbe fermée, dont tous les points sont également distants d'un point intérieur appelé **centre**.

Le **rayon** est la droite qui joint le centre à la circonférence.

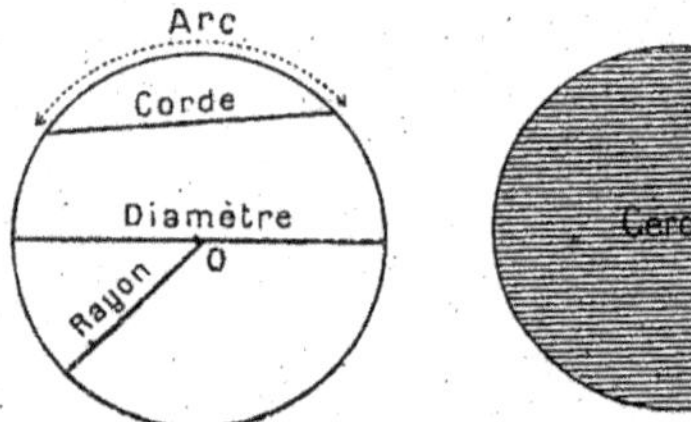

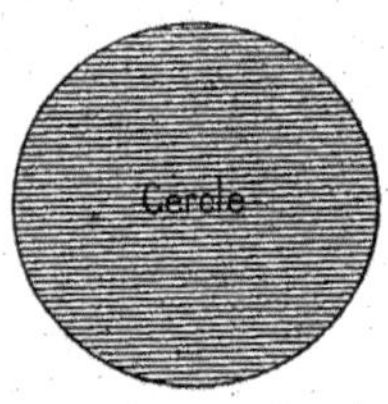

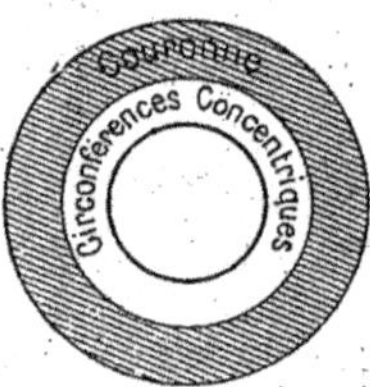

Le **diamètre** est une droite passant par le centre et limitée de part et d'autre à la circonférence.
Le diamètre est le double du rayon.

On trace la circonférence à l'aide d'un compas.
L'écartement des pointes du compas est le rayon de la circonférence.

109. Un **arc** est une portion de la circonférence.
Une **corde** est une droite qui joint les deux extrémités d'un arc.

110. La longueur d'une circonférence est toujours égale au produit de son diamètre par le nombre 3,14.

Exemple. — Quelle est la longueur d'une circonférence dont le diamètre a 3 mètres ?

Longueur de la circonférence : $\qquad 3^m \times 3,14 = 9^m,42$.

111. Le *cercle* est la surface enfermée dans une circonférence.
Le diamètre divise la circonférence en deux parties égales.

112. On appelle **circonférences concentriques** des circonférences qui ont le même centre.

Une **couronne** est la surface comprise entre deux circonférences concentriques.

LES DIVISIONS DU TEMPS

113. Une *année* ordinaire a 365 jours ; mais, tous les quatre ans, l'année a 366 jours.

Une année de 366 jours est une année **bissextile**.

Cent années forment un *siècle*.

L'année est divisée en **12** *mois :*

Janvier,	31 jours		*Juillet,*	31 jours
Février,	28 ou 29 si l'année est bissextile		*Août,*	31 »
Mars,	31 jours		*Septembre*	30 »
Avril,	30 »		*Octobre,*	31 »
Mai,	31 »		*Novembre,*	30 »
Juin,	30 »		*Décembre,*	31 »

Une **semaine** est la suite des 7 jours : *lundi, mardi, mercredi, jeudi, vendredi, samedi, dimanche.*

Il y a 52 semaines dans un an.

Un *jour* se compose de 24 heures ; une *heure* se compose de 60 minutes ; une *minute* se compose de 60 *secondes.*

$$1 \text{ jour vaut donc} \quad 60^{min} \times 24 = 14\,400 \text{ minutes}$$
$$\text{et } 60^{sec} \times 14\,400 = 86\,000 \text{ secondes.}$$

114. **Cadran de montre.**

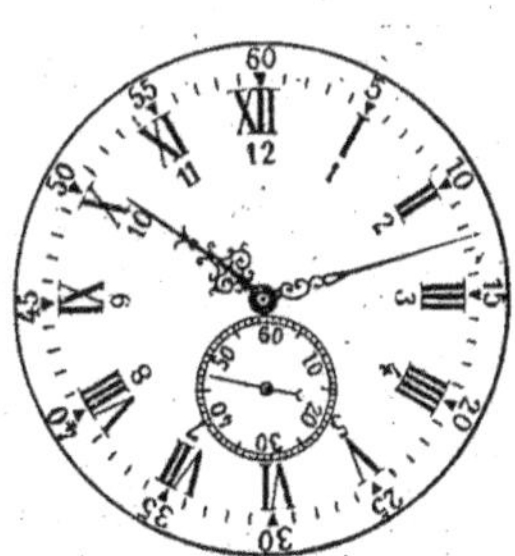

La petite aiguille marque les heures.

La grande aiguille marque les minutes.

L'aiguille du petit cadran marque les secondes.

L'aiguille des heures met 12 heures à parcourir tout le cadran.

L'aiguille des minutes met 1 heure pour faire le tour du cadran.

L'aiguille des secondes met 1 minute pour faire le tour de son petit cadran.

PROBLÈMES SUR LES DIVISIONS DU TEMPS

812. Combien y a-t-il de minutes et de secondes en une semaine ?

Il faut d'abord chercher le nombre d'heures :
c'est : $24^h \times 7 = 168,$

puis, le nombre de minutes : 60×168
etc.

813. Combien 5 heures 30 minutes font-elles de minutes ?
Cela fait $60^m \times 5 + 30^m.$

814. Du 1er mars au 18 juin inclus, j'ai dépensé en moyenne 4f,75 par jour. Quelle somme totale ai-je dépensée ?

Du 1er mars au 18 juin inclus, il y a 110 jours.
J'ai donc dépensé $4^f,75 \times 110.$

815. Paul est sorti à 10 heures 15 minutes du matin et il est rentré à midi 35 minutes. Combien de temps a duré son absence ?

De $10^h,15^m$ à $12^h,35,$ il y a $45^m + 60^m + 35^m.$

816. Un écolier copie une page en 18 minutes. Combien lui faudra-t-il d'heures et de minutes pour copier 5 pages ?

817. Le cœur d'un enfant bat 80 fois par minute. Combien bat-il de fois par jour ?

818. Une fontaine donne 12 litres d'eau par minute. Combien en donne-t-elle en 2 heures 15 minutes ?

$2^h,15^m$ font $60^m \times 2 + 15^m.$

819. Un train de chemin de fer qui fait 64 kilomètres à l'heure part de Paris à 8 heures du matin et arrive à Lyon à 4 heures du soir. Quelle est la distance de Paris à Lyon ?

=======

PROBLÈMES DE REVISION

820. Un demi-hectolitre de pommes de terre coûte 1f,90 ; que coûteront 12 hectolitres ?

821. On a mesuré un mur avec une règle qui a 0m,85 de longueur. Le mur a 29 fois la longueur de la règle. Dire la longueur de ce mur.

822. Dans une ferme, il y a 8 paires de bœufs. En évaluant chaque bœuf à 520 francs, que valent les 8 paires de bœufs ?

823. Un marchand a vendu 9 parapluies à 12^f,50 et 12 ombrelles à 6^f,75. Quelle somme ont produite ces deux ventes?

824. Une personne a dans sa bourse 3 billets de 50 francs. Elle veut acheter une table de 90 francs et 6 chaises de chacune 15 francs. Aura-t-elle la somme nécessaire?

825. Un marchand a acheté 340 mètres de drap à 7^f,65 le mètre; il a revendu le tout à 9^f,20 le mètre. Quel bénéfice a-t-il fait?

826. Un boulanger a reçu 25 sacs de farine pesant chacun 157 kilogrammes. Dire le poids total de ces sacs en quintaux et kilogrammes.

827. Un libraire achète 15 douzaines de volumes. L'éditeur lui en donne 13 pour 12. Combien doit-il recevoir de volumes?

Il doit en recevoir $12 \times 15 + 15$.

828. Un morceau de fromage de 135 décagrammes est vendu à raison de 2 francs le kilogramme. Combien vaut ce morceau?

135 dag, c'est 1^{kg},35.
Le morceau vaut $2^f \times 1,35$.

829. Un hectolitre de blé pèse 77^{kg},5. Dire le poids de 1 litre; de 2 litres; de 1 décalitre de blé.

830. Une dame achète 8^m,75 de soie à 7^f,50 le mètre, puis 1^m,25 de la même étoffe. Que doit-elle payer?

831. Un litre d'huile pèse 810 grammes; 1º que pèse un hectolitre d'huile? 2º que vaut l'hectolitre à raison de 0^f,75 le kilogramme?

832. Un marchand achète 400 mètres de drap dont 175 à 9^f,15 le mètre et le reste à 8^f,80 le mètre. Combien a-t-il à payer?

833. Un litre de lait pèse 1^{kg},3 décagrammes; que pèse un demi-hectolitre de lait?

834. Pierre gagne 6^f,50 par jour et, dans une année de 365 jours, il chôme 60 jours. Combien gagne-t-il par an?

835. Un ouvrier dépense 3^f,60 par jour. S'il gagne 32 francs par semaine, combien lui reste-t-il au bout de la semaine?

836. Que coûtent 25 douzaines d'œufs à 0^f,08 l'un?

837. J'achète 15 douzaines d'assiettes à 0^f,45 la pièce. Combien ai-je à payer?

838. Que coûtent : 1º 3^m,50 de toile à 1^f,40 le mètre?
2º 2^m,75 de drap à 10^f,80 le mètre?

839. Le kilogramme de café valant 4^f,50, que doit-on payer pour 4 sacs qui en contiennent chacun 75 kilogrammes?

840. Quand l'hectolitre de vin coûte 42 francs, que doit coûter : 1° le litre ? 2° une pièce de 2ʰˡ,25 ?

841. Un marchand a acheté 500 kilogrammes de café à 4ᶠ,25 le kilogramme. Il est obligé de le revendre à raison de 4ᶠ,20 le kilogramme. Combien perd-il ?

842. Un hectolitre de blé pèse 76 kilogrammes ; on a 30 sacs qui en contiennent 1ʰˡ,5 chacun. Quel est le poids de ces 30 sacs ?

843. Etablir la facture suivante :

5 kilogrammes de sucre à	0ᶠ,70 le kilogramme.	
2ᵏᵍ,5 de savon	à 0ᶠ,65	»
1ᵏᵍ,5 d'huile	à 1ᶠ,80	»
20 litres de vin	à 0ᶠ,55 le litre.	

Total :

844. Un marchand a acheté 480ᵐ,75 de drap à 13ᶠ,50 le mètre ; mais il n'a que 6000 francs. Combien lui manque-t-il pour payer son achat ?

845. Un mouton a été vendu 34ᶠ,75. Sur le prix de 25 moutons de cette même valeur, on fait une remise de 50 francs. Combien a payé l'acheteur ?

846. Une ménagère va au marché avec 20 francs ; elle achète 2 poulets à 3ᶠ,50 l'un et 4 douzaines d'huîtres à 1ᶠ,25 la douzaine. Combien doit-il lui rester d'argent ?

847. Mon jardin m'a coûté 2340 francs ; j'y ai planté 48 arbres qui m'ont coûté chacun 2ᶠ,60. A combien me revient mon jardin avec les arbres ?

848. Une pièce de drap de 24 mètres a été revendue à raison de 10ᶠ,75 le mètre, et l'on gagne ainsi 48 francs sur le tout ; combien avait-on payé la pièce ?

849. Le pas ordinaire d'un homme est de 0ᵐ,65. Quelle distance en kilomètres aura-t-il parcourue quand il aura fait 2850 pas ?

850. Un marchand paie le litre de vin 0ᶠ,60 et le revend 0ᶠ,85. Quel est son bénéfice sur la vente de 87ˡ,50 de ce vin ?

Arithmétique

DIVISION

1ᵉʳ EXEMPLE :

Un jeune garçon veut partager 120 billes entre 8 de ses camarades. Combien doit-il en donner à chacun ?

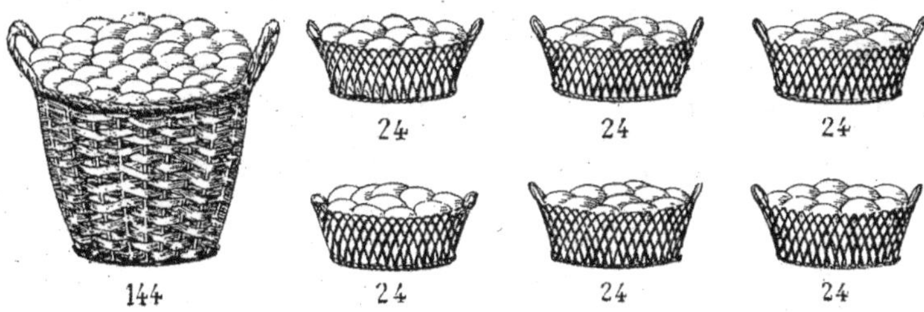

Comme l'enfant ne sait pas faire la division, il donne successivement à chacun de ses 8 camarades 1 bille, puis 1 bille, puis 1 bille, de sorte que, à chaque distribution, son lot diminue de 8 billes. A la 15ᵉ distribution, il ne lui en reste plus. Il a donc donné 15 billes à chacun.

$$\begin{array}{r|l} 120 & 8 \\ \underline{80} & \overline{15} \\ 40 & \\ 40 & \\ \hline 0 & \end{array}$$

A l'aide d'une division, le calcul eût été bien plus rapide.

En donnant, une 1ʳᵉ fois, 10 billes à chacun, il ne lui en serait resté que 40 et, en donnant, une 2ᵉ fois, encore 5 billes à chacun, la distribution eût été terminée.

2ᵉ EXEMPLE :

On a 144 œufs dans une corbeille. Combien peut-on en faire de lots de 24 œufs chacun ?

$$144 - 24 = 120$$
$$120 - 24 = 96$$
$$96 - 24 = 72$$
$$72 - 24 = 48$$
$$48 - 24 = 24$$
$$24 - 24 = 0$$

Après avoir fait un premier lot de 24 œufs, le reste, dans la grande corbeille, est 120 ; après un 2e lot, le reste est 96 ; après un 3e lot, le reste est 72 ; après un 4e lot, le reste est 48 ; après un 5e lot, le dernier reste, 24, forme un 6e lot.

$$\begin{array}{r|l} 144 & 24 \\ 144 & \overline{6} \\ \hline 000 & \end{array}$$

L'opération eût été bien plus rapide à l'aide d'une division : on aurait cherché, par tâtonnement, le nombre qui, multipliant 24, fait 144. C'est 6.

115. La *division* est une opération par laquelle on partage un nombre appelé **dividende** en autant de parties égales qu'il y a d'unités dans un autre nombre appelé **diviseur.**

Le résultat se nomme **quotient.**

Le dividende est le nombre à diviser ; le diviseur est le nombre par lequel on divise le dividende.

Exemple : Partager 120 francs entre 8 personnes, c'est faire une division. La part de chaque personne, 15 francs, est le *quotient.*

120 est le dividende, 8 est le diviseur.

116. On peut dire aussi que la division est une opération par laquelle on cherche combien de fois un nombre appelé **dividende** en contient un autre appelé **diviseur.**

Le **quotient** indique ce nombre de fois.

Exemple : Avec 144 œufs, combien peut-on faire de lots de chacun 24 œufs ?

Il faut chercher combien de fois 24 est contenu dans 144, c'est-à-dire diviser 144 par 24. Le quotient est 6.

Le signe de la division est **:** qu'on lit : **divisé par.**

Exemple :   15 : 3.

On écrit encore : $\dfrac{15}{3}$, en plaçant le diviseur sous le dividende et en séparant l'un de l'autre par un trait horizontal.

117. Lorsque le dividende ne contient pas un nombre exact de fois le diviseur, l'opération donne un **reste** du dividende.

Ce reste est toujours plus petit que le diviseur.

Exemple : Soit à diviser **59** par **8**.

Le quotient est 7; mais 8 × 7 ne font que 56.
Il reste 3 unités qui n'ont pu être divisées par 7.
3 est le *reste* de la division.

118. Lorsque le quotient est exact, le dividende est égal au produit du diviseur par le quotient.

Ainsi dans la division sans reste $\quad 63 \begin{array}{|c} 9 \\ \hline 7 \end{array}$

le produit 9 × 7 est égal au dividende 63.

DIVISION DES NOMBRES ENTIERS

119. 1ᵉʳ Cas. **Le diviseur et le quotient n'ont qu'un seul chiffre.**

La table de multiplication fait connaître le plus grand produit du diviseur par le quotient qui puisse être contenu dans le dividende.

Exemple : $\qquad$ **74 : 9**.

La table indique le produit 9 × 8 = **72**.
Le quotient est donc **8**, et le reste est **2**.

120. Diviser un nombre par 2, par 3, par 4, par 5, etc., c'est en prendre la **moitié**, le **tiers**, le **quart**, le **cin-quième**, etc.

EXERCICES ORAUX
Emploi de diviseurs familiers.

Prendre :

851. La moitié de 8, de 10, de 12, de 14,
de 16, de 18, de 20, de 24,
de 60, de 64, de 80, de 84,
de 88, de 90, de 96, de 100.

852. Le tiers de 9, de 12, de 15, de 18,
de 18, de 24, de 36, de 45,
de 54, de 60, de 75, de 90.

853. Le quart   de 12,   de 16,   de 20,   de 28,
de 32,   de 40,   de 48,   de 52,
de 60,   de 72,   de 80,   de 96.

854. Le cinquième de 15,   de 20,   de 25,   de 30,
de 35,   de 40,   de 45,   de 50,
de 55,   de 60,   de 80,   de 90.

855. 1º Le sixième de 18,   de 24,   de 30,   de 42,
de 54,   de 60,   de 72,   de 90.

    2º Le septième de 14,   de 21,   de 35,   de 42.

856. Le huitième de 16,   de 24,   de 40,   de 48,
de 64,   de 72,   de 80,   de 96.

857. 1º Le neuvième de 27,   de 45,   de 72,   de 81.

    2º Le dixième de 30,   de 40,   de 90,   de 100.

Combien de fois est contenu :

858.   3 en 21 ?   5 en 25 ?   **859.**   7 en 49 ?   8 en 72 ?
  4 en 12 ?   7 en 35 ?   8 en 56 ?   7 en 63 ?
  5 en 15 ?   7 en 21 ?   6 en 54 ?   9 en 45 ?
  6 en 30 ?   8 en 40 ?   7 en 56 ?   9 en 81 ?
  6 en 42 ?   6 en 24 ?   8 en 64 ?   9 en 63 ?

Faire les divisions :

860.   30 : 10   42 : 14   **861.**   48 : 16   75 : 15
  44 : 11   39 : 13   56 : 14   64 : 16
  36 : 12   40 : 10   66 : 11   38 : 19
  26 : 13   30 : 15   80 : 16   80 : 10
  28 : 14   45 : 15   72 : 12   90 : 18

Faire les divisions suivantes en exprimant le quotient et le reste :

                    Q. R.   Q. R.
862.   38 : 7 = 5   3   **863.**   38 : 8 = 4   6
    27 : 8 = ?   ?   42 : 8 = ?   ?
    29 : 6 = ?   ?   43 : 9 = ?   ?
    30 : 9 = ?   ?   40 : 7 = ?   ?
    35 : 5 = ?   ?   47 : 5 = ?   ?

864.   49 : 9 = 5   4   **865.**   64 : 9 = 7   1
    61 : 7 = ?   ?   75 : 9 = ?   ?
    50 : 6 = ?   ?   67 : 8 = ?   ?
    54 : 9 = ?   ?   68 : 9 = ?   ?
    57 : 8 = ?   ?   83 : 9 = ?   ?

Faire les divisions suivantes, en exprimant le quotient et le reste :

		Q.	R.			Q.	R.
866.	23 : 10 =	2	3	**867.**	46 : 15 =	3	1
	35 : 12 =	?	?		90 : 17 =	?	?
	29 : 13 =	?	?		98 : 19 =	?	?
	30 : 14 =	?	?		68 : 12 =	?	?
	25 : 12 =	?	?		80 : 15 =	?	?

868. Faire les divisions :

1°	60 : 20	2°	250 : 25
	90 : 30		300 : 50
	100 : 20		400 : 50
	150 : 30		400 : 80
	200 : 50		360 : 40

869. Faire les divisions :

1°	500 : 10	2°	600 : 200
	800 : 100		750 : 250
	1 200 : 100		1 000 : 200
	1 500 : 150		1 000 : 250
	1 800 : 180		1 200 : 400

870. 1 sou, c'est 5 centimes. Combien de sous font :

15 centimes ?	35 centimes ?	70 centimes ?
20 » ?	50 » ?	75 » ?
30 » ?	60 » ?	85 » ?
40 » ?	65 » ?	95 » ?

871. 1° 5 mètres de drap coûtent 45 francs. Combien coûte le mètre ?   1 mètre coûte 5 fois moins ou   45^f : 5.

2° On a 4 volumes pour 12 francs. Quel est le prix du volume ?   1 volume coûte 4 fois moins ou   12^f : 4.

872. 1° Combien 60 œufs font-ils de douzaines d'œufs ?

2° Combien 84 boutons font-ils de douzaines de boutons ?

873. Combien : 1° 24 mois,   2° 75 mois font-ils d'années ?

874. 1° On a 12 oranges pour 60 centimes. Combien vaut l'orange ?

2° A 8 francs le mètre de soie, combien en aura-t-on de mètres pour 56 francs ?

875. 1° Un ouvrier gagne 36 francs par semaine de 6 jours de travail. Combien gagne-t-il par jour ?

2° Un ouvrier dépense 35 francs par semaine. Combien dépense-t-il par jour ?

876. On partage 27 billes entre 4 enfants. Combien chacun en a-t-il ? Combien en reste-t-il ?

877. Partager de même 42 images entre 8 enfants, et dire le reste.

878. On range 60 fagots par tas de 8 fagots. Combien fera-t-on de tas et combien restera-t-il de fagots ?

879. Ranger de même 80 fagots par tas de 12 fagots, et dire le reste.

880. Avec 40 feuilles de papier, combien fera-t-on de cahiers de 6 feuilles et combien restera-t-il de feuilles ?

881. Avec 100 feuilles, combien fera-t-on de cahiers de 8 feuilles et combien restera-t-il de feuilles ?

882. On a 100 arbres à planter en 9 rangées égales. Combien en mettra-t-on par rangée et combien en restera-t-il ?

883. J'ai acheté 6 chaises pour 54 francs. Dire le prix :

1º d'une chaise ;   2º de 2 douzaines de chaises.

884. Un employé gagne 180 francs par mois. En comptant le mois de 30 jours :

1º Quel est son salaire journalier ?
2º Que peut-il dépenser par semaine ?

885. Un employé gagne 3 600 francs par an. Combien gagne-t-il :

1º Par mois ?
2º Par jour (en comptant l'année de 360 jours) ?

121. 2ᵉ Cas. **Le diviseur a plusieurs chiffres et n'est pas contenu 10 fois dans le dividende.**

On reconnaît qu'un nombre n'est pas contenu 10 fois dans un autre quand son produit par 10 est plus grand que cet autre.

Règle. *Pour diviser un nombre de plusieurs chiffres par un nombre qui n'y sera pas contenu 10 fois, on cherche combien le dividende contient de fois le diviseur ou, pour plus de facilité, combien de fois les plus hautes unités du diviseur sont contenues dans les unités de même ordre du dividende.*

On multiplie le chiffre ainsi obtenu par le diviseur. Si

le produit est plus grand que le dividende, on essaye un chiffre inférieur d'une unité, jusqu'à ce que le produit puisse être soustrait du dividende.

Soit à effectuer la division **705 : 83**.

Le quotient n'aura qu'un chiffre, car si l'on mettait au quotient le plus petit nombre de deux chiffres qui est 10, le produit 83×10 ou 830 serait plus grand que le dividende 705.

On dispose ainsi l'opération :

Dividende	705	83 Diviseur.
Produit du diviseur par le quotient	664	8 Quotient.
Reste	41	

On dit :

En 705 combien de fois 83 ?

Ou : En 70 (dizaines) combien de fois 8 (dizaines)? 8 fois. On écrit 8 à la place marquée pour le quotient.

On multiplie 83 par 8, on écrit le produit sous le dividende et l'on fait la soustraction. Le reste est 41.

Soit encore à effectuer la division : **3 456 : 458**.

Le quotient n'aura qu'un chiffre, parce que 458×10 ou 4 580 est plus grand que 3 456.

On dispose ainsi l'opération :

Dividende	3 456	458 Diviseur.
Produit du diviseur par le quotient	3 206	7 Quotient.
Reste	250	

On dit :

En 3 456 combien de fois 458 ?

Ou : En 34 (centaines) combien de fois 4 (centaines)? 8 fois ; mais le nombre 8 est trop grand, car le produit de 458 par 8 dépasse 3 456 ; il faut donc essayer le nombre inférieur 7.

Le produit de 458 par 7 est 3 206 qu'on retranche du dividende. Il reste 250.

7 est donc le quotient cherché.

EXERCICES ÉCRITS

886. 1° $\begin{cases} 34 : 4 \\ 36 : 8 \end{cases}$ 2° $\begin{cases} 28 : 7 \\ 45 : 8 \end{cases}$ 3° $\begin{cases} 40 : 7 \\ 62 : 9 \end{cases}$

887. 1° $\begin{cases} 50 : 7 \\ 60 : 8 \end{cases}$ 2° $\begin{cases} 65 : 8 \\ 75 : 9 \end{cases}$ 3° $\begin{cases} 80 : 9 \\ 78 : 9 \end{cases}$

	1°		2°		3°	
888.	84 :	9	70 :	9	32 :	5
889.	60 :	7	52 :	6	23 :	4
890.	24 :	12	45 :	15	60 :	30
891.	44 :	22	78 :	26	64 :	16
892.	75 :	25	75 :	15	80 :	16
893.	96 :	17	72 :	17	91 :	13
894.	78 :	13	100 :	11	76 :	19
895.	48 :	15	60 :	11	85 :	20
896.	66 :	12	56 :	13	90 :	25
897.	100 :	25	120 :	24	130 :	24
898.	160 :	23	250 :	45	350 :	48
899.	425 :	68	562 :	84	729 :	85
900.	832 :	416	930 :	465	896 :	224
901.	735 :	240	800 :	160	740 :	315
902.	1 200 :	400	1 560 :	315	1 345 :	250
903.	2 350 :	520	4 850 :	528	3 925 :	469

122. Le diviseur est un nombre d'un seul chiffre contenu plus de 9 fois dans le dividende.

Règle. On divise successivement, en commençant par la gauche, chacun des ordres d'unités du dividende par le diviseur.

Si le premier chiffre n'est pas assez grand pour contenir le diviseur, on prend les deux premiers pour former le premier dividende.

EXEMPLE :   2 945 : 8.

$$\begin{array}{r|l} 2\,945 & 8 \\ 2\,4 & \overline{368} \\ \hline 54 & \\ 48 & \\ \hline 65 & \\ 64 & \\ \hline 1 & \end{array}$$

Le premier chiffre n'étant pas assez grand pour contenir le diviseur, on prend les deux premiers et on divise 29 centaines par 8.

Le quotient est 3 (centaines). On le multiplie par le diviseur et on écrit le produit 24 au-dessous de 29. On fait la soustraction ; il reste 5 (centaines).

A la droite de ce reste, on abaisse le chiffre suivant du dividende ; cela fait 54 (dizaines) qu'on divise par 8.

Le quotient est 6 (dizaines) qu'on écrit à la suite du 3 déjà trouvé ; on le multiplie par le diviseur et on écrit le produit 48 au-dessous de 54. On fait la soustraction ; il reste 6 (dizaines).

A la droite de ce reste, on abaisse le chiffre des unités du dividende ; cela fait 65 unités qu'on divise par 8.

Le quotient est 8 (unités) qu'on écrit à la suite des deux chiffres déjà trouvés.

On le multiplie par le diviseur et on écrit le produit 64 au-dessous de 65.

On fait la soustraction ; il reste 1 (unité).

Ainsi le quotient de 2 945 par 8 est 368 et il reste 1.

Si l'un des dividendes partiels était trop petit pour contenir le diviseur, on écrirait un zéro au quotient.

EXEMPLE : **4 572 : 9.**

$$\begin{array}{r|l} 4\,572 & \underline{9} \\ 4\,5 & 508 \\ \hline 072 & \\ 72 & \\ \hline 0 & \end{array}$$

On dit : en 45 combien de fois 9 ? 5 fois. On met 5 au quotient et on écrit le produit $9 \times 5 = 45$ au-dessous de 45. On fait la soustraction ; il reste 0.

On abaisse 7 et l'on dit : En 7 combien de fois 9 ? Il n'y est pas contenu. On met 0 au quotient. On abaisse le chiffre suivant et l'on dit : En 72 combien de fois 9 ? 8 fois. On met 8 au quotient et on écrit le produit $9 \times 8 = 72$ au-dessous de 72. On fait la soustraction ; il reste 0.

EXERCICES ÉCRITS

904.	125 : 8	140 : 7	135 : 8
905	200 : 8	185 : 8	245 : 7
906.	325 : 7	256 : 7	405 : 6
907.	350 : 9	720 : 8	465 : 8
908.	415 : 6	604 : 9	708 : 8
909.	905 : 9	708 : 5	896 : 4
910.	782 : 6	985 : 7	825 : 9
911.	2 356 : 4	3 928 : 8	6 524 : 8
912.	7 325 : 9	2 708 : 9	7 320 : 7
913.	4 659 : 7	8 540 : 7	6 967 : 8
914.	12 804 : 5	15 628 : 6	23 900 : 4
915.	33 615 : 9	26 004 : 7	51 325 : 8

PROBLÈMES SUR LA DIVISION

916. Partager également une somme de 8 640 francs entre 6 personnes :

Il faut diviser 8 640ᶠ par 6.

917. Combien faut-il de pièces de 5 francs pour payer 320 francs ?

Il faut autant de pièces que 5 est contenu de fois dans 320 ou 320 : 5.

918. 8 mètres de velours ont coûté 152 francs ; quel est le prix du mètre ?

Il faut diviser 152^f par 8.

919. A raison de 9 francs le kilogramme de thé, combien en aura-t-on de kilogrammes pour 1260 francs ?

On aura autant de kg que 9 est contenu de fois dans 1260 ou 1260 : 9.

920. Combien doit-on recevoir de pièces de 5 francs en échange de 135 pièces de 2 francs ?

135 pièces de 2^f font   2^f × 135 = 270^f.

Il faut diviser 270 par 5.

921. Un employé a reçu 900 francs pour ses appointements d'un semestre (6 mois). Quel est son traitement mensuel (de 1 mois) ?

922. La demi-douzaine de cravates coûtant 18 francs ;

1° Quel est le prix d'une cravate ?

2° Quel est le prix de la grosse ? (12 douzaines.)

923. La recette d'un commerçant en 8 semaines a été de 15264 francs ; quelle a été sa recette moyenne par jour ? (Compter 6 jours par semaine.)

Chercher la recette par semaine en divisant 15264^f par 8 et diviser ensuite le quotient par 6.

924. On a pêché un jour à Concarneau 200000 sardines, qu'on prépare et qu'on met dans des boîtes de fer-blanc. Si chaque boîte en contient 8, combien a-t-il fallu de boîtes ?

925. Un père laisse à ses 3 enfants une propriété estimée 36000 francs et 12780 francs en argent. Quel est le montant total de la part de chaque enfant ?

926. Un restaurateur a servi un jour un même nombre de déjeuners à 2 francs et de dîners à 3 francs. Sa recette totale ayant été de 360 francs, dire combien il a servi de déjeuners et de dîners.

Il a servi autant de fois un déjeuner et un dîner que 2 + 3 ou 5 est contenu dans 360.

C'est donc 360 : 5

927. Un ouvrier a gagné en 6 semaines 252 francs ; sachant qu'il a travaillé 6 jours par semaine, dire combien il gagne par jour.

Système métrique
et Géométrie

MESURES DE SUPERFICIE

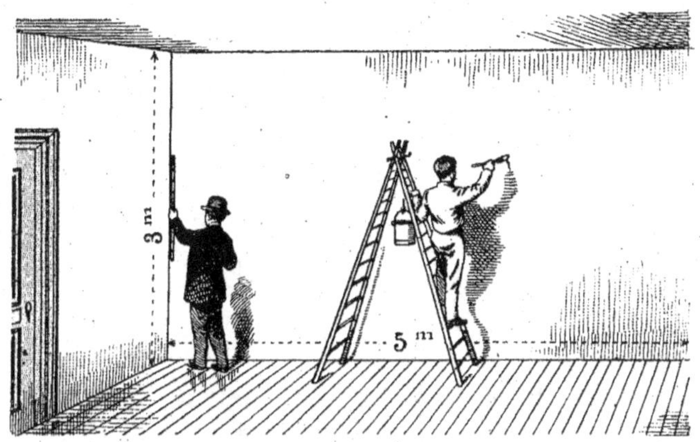

On exprime les superficies en mètres carrés.

Pour trouver la superficie du mur, le métreur en mesure la longueur, puis la hauteur et il multiplie entre elles les deux dimensions. Si le mur a 5 mètres de long et 3 mètres de haut, sa superficie est :
$$5 \times 3 = 15 \text{ mètres carrés.}$$

123. On appelle **surface** ou **superficie** l'étendue en longueur et en largeur.

124. L'unité principale des mesures de superficie est le **MÈTRE CARRÉ.**

125. Mètre carré, ses multiples et ses sous-multiples.

Un *mètre carré*   (m^2) est un carré de 1 mètre de côté.
Un *décamètre carré* (dam^2)   —   — 1 dam   —
Un *hectomètre carré* (hm^2)   —   — 1 hm   —
     etc.
Un *décimètre carré*   (dm^2)   —   — 1 dm   —
Un *centimètre carré* (cm^2)   —   — 1 cm   —

126. Un carré de 1 mètre de côté peut être divisé en 100 carrés de 1 décimètre de côté.

De même : un carré de 1 décimètre de côté peut être divisé en 100 carrés de 1 centimètre de côté ; un carré de 1 décamètre de côté peut être divisé en 100 carrés de 1 mètre de côté, etc.

Ainsi :

127. Le *mètre carré* ($\mathbf{m^2}$) vaut 100 décimètres carrés ou $100 \times 100 = 10\,000$ centimètres carrés.

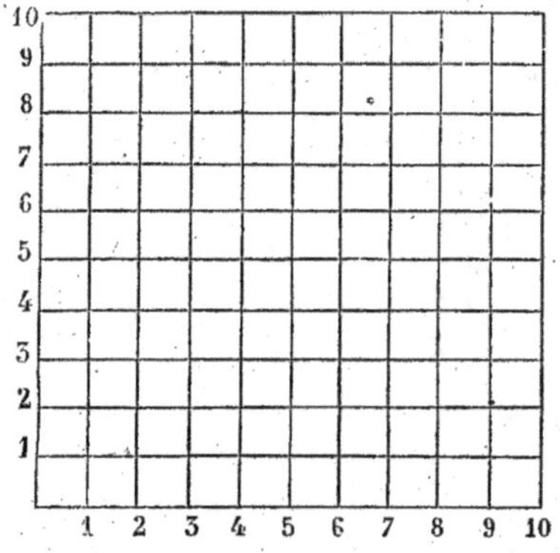

Figure montrant la décomposition d'un carré en 100 petits carrés égaux.

Si le carré avait 1 mètre de côté et si chaque côté était divisé en 10 décimètres, les 100 petits carrés seraient des décimètres carrés. Ainsi le mètre carré vaut bien 100 décimètres carrés.

Le *décamètre carré* ($\mathbf{dam^2}$) vaut 100 mètres carrés.

L'*hectomètre carré* ($\mathbf{hm^2}$) vaut 100 décamètres carrés ou $100 \times 100 = 10\,000$ mètres carrés.

EXEMPLE :   25 dam²,   2 500 m²,
                    8 hm²,   80 000 m²,
etc.

Le *décimètre carré* ($\mathbf{dm^2}$) est le centième du mètre carré : $0^{m2},01$.

Le *centimètre carré* ($\mathbf{cm^2}$) est le centième du décimètre carré ou le dix-millième du mètre carré : $0^{m2},0001$.

128. On écrit les décimètres carrés comme des centièmes, c'est-à-dire par deux chiffres décimaux, et les

centimètres carrés comme des dix-millièmes, c'est-à-dire
par quatre chiffres décimaux.

EXEMPLE : 35^{dm2} $0^{m2},35$
      8^{dm2} $0^{m2},08$
      35^{cm2} $0^{m2},0035$
    $3^{dm2}\ 8^{cm2}$ $0^{m2},0308$

129. On évalue en *mètres carrés* les travaux de peinture,
de menuiserie, etc.

___

MESURES AGRAIRES

130. Les mesures **agraires** sont les mesures qui servent à évaluer la superficie des champs.

131. L'unité des mesures de superficie pour les champs
est l'**ARE**.

L'**are** (**a**) est une surface de 1 décamètre carré ou de
100 mètres carrés.

132. Le seul multiple décimal de l'are est l'**hectare** (**ha**),
qui vaut 100 ares ou $100 \times 100 = 10000$ mètres carrés.

L'hectare est un hectomètre carré.

Le seul sous-multiple décimal de l'are est le **cen-
tiare** (**ca**), qui vaut 1 centième d'are ou 1 mètre carré.

EXERCICES ÉCRITS

928. Combien y a-t-il de décimètres carrés :

  1° dans 1 mètre carré ?
  2° dans 1 demi-mètre carré ?
  3° dans 3 mètres carrés ?
  4° dans 6 mètres carrés ?

929. Combien y a-t-il de mètres carrés :

  1° dans 1 décamètre carré ?
  2° dans 4 décamètres carrés ?
  3° dans 1 hectomètre carré ?
  4° dans 3 hectomètres carrés ?

930. Combien y a-t-il de mètres carrés :

  1° dans 375 décimètres carrés ?
  2° dans 25 605 centimètres carrés ?

931. Écrire :

> 2 mètres carrés 5 décimètres carrés.
> 8 décimètres carrés.
> 8 mètres carrés 4 centimètres carrés.

932. Ecrire en mètres carrés :

> 1°   1 are,
> 2°   1 hectare,
> 3°   1 centiare.

933. Combien : 1° d'ares ; 2° d'hectares :

> 1°   en   4 500 mètres carrés ?
> 2°   en 17 930 mètres carrés ?
> 3°   en   204 décamètres carrés ?
> 4°   en   58 hectomètres carrés ?

934. A raison de 1 franc le mètre carré, que valent :

> 1°   3 ares de terrain ?
> 2°   5 hectares ?
> 3°   25 centiares ?
> 4°   19 ares 50 centiares ?

935. Écrire, puis additionner :

> 3 hectares 5 ares,
> 2 hectares 45 ares 7 centiares,
> 3 hectares 15 centiares.

936.

> De 5 hectares   ôter   72 ares,
> De 80 ares   ôter   1ᵃ,48,
> De 1 hectare   ôter 3 725 centiares,
> De 18 ares   ôter   475 mètres carrés.

937. J'avais un terrain de 1 hectare ; j'en ai vendu 25 ares. Quelle est la superficie de ce qui me reste ?

938. A raison de 1 franc le mètre carré, que vaut un terrain : 1° de 37 ares ; 2° de 4 hectares ?

939. Sur un terrain de 8 décamètres carrés, on a construit une maison qui occupe 215 mètres carrés. Quelle superficie reste-t-il pour la cour ?

940. Une propriété de 1 hectare a été divisée en deux lots dont l'un a une superficie de 4 925 mètres carrés ; quelle est la superficie du deuxième lot ?

941. Le mètre carré de terrain valant 2 francs, que vaut : 1° l'are; 2° l'hectare?

942. A 100 francs l'are, quelle est la valeur d'un champ de 1500 mètres carrés?

943. Quelle est, en ares, la superficie d'un champ qu'on a payé 2025 francs à raison de 75 francs l'are?

133. Mesure de la surface d'un rectangle.

Pour évaluer en mètres carrés la surface d'un rectangle, on multiplie sa longueur par sa largeur.

Exemple : Trouver la surface d'un rectangle de 6 mètres de longueur sur 5 mètres de largeur.

La figure montre que la longueur du rectangle étant de 6 mètres et sa largeur de 5 mètres, on pourrait tracer sur sa surface $6 \times 5 = 30$ mètres carrés.

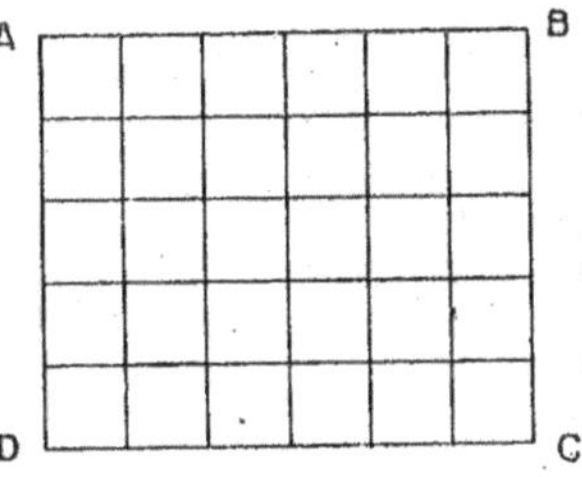

Surface $6 \times 5 = 30$ mètres carrés.

134. Mesure de la surface d'un carré.

Pour évaluer en mètres carrés la surface d'un carré, on multiplie son côté par lui-même.

Exemple : Quelle est la surface d'un carré de 5 mètres de côté ?

La figure montre que la longueur et la largeur du carré étant l'une et l'autre de 5 mètres, on pourrait tracer sur la surface $5 \times 5 = 25$ mètres carrés.

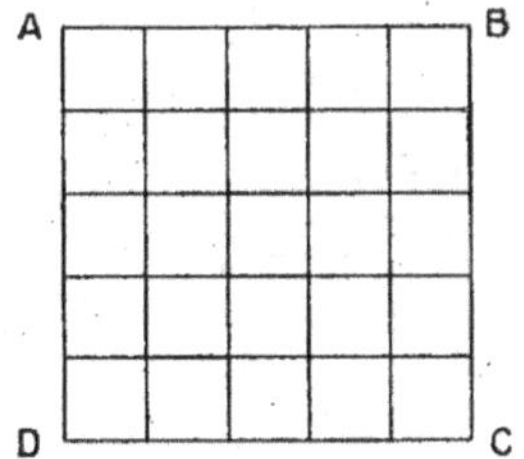

Surface $5 \times 5 = 25$ mètres carrés.

EXERCICES ÉCRITS

944. Dire la superficie d'un terrain carré de 370 mètres de côté :
1° en mètres carrés ; 2° en centiares ; 3° en ares ; 4° en hectares.

945. Calculer le pourtour d'une salle rectangulaire * de 13^m,50
de long sur 10^m,25 de large.

946. Quelle est la superficie d'un terrain carré entouré d'un grillage dont la longueur totale est de 120 mètres ?

RÉSOLUTION DES PROBLÈMES

Somme et différence de deux nombres.

947. Problème-type. — *Louis et Jean ont ensemble 15 billes ;
mais Louis en a 3 de plus que Jean. Combien chacun en
a-t-il ?*

Si Jean avait 3 billes de plus, il en aurait autant que Louis, et ensemble ils en auraient :   15 + 3 ou 18.
18 est donc le double de ce qu'a Louis.
Pour trouver la part de Louis, il faut prendre la moitié de 18^b. Jean en
a 3 de moins.

Problèmes analogues.

948. Deux frères ont ensemble 25 ans ; l'aîné a 5 ans de plus
que son jeune frère. Quel âge ont-ils chacun ?

949. Partager 20 francs entre deux personnes, de manière que
l'une ait 4 francs de moins que l'autre.

950. Une fermière a dans sa basse-cour 40 volailles : poules et
canards. Elle a 8 poules de plus que de canards. Combien a-t-elle
des unes et des autres ?

Somme de deux nombres multiples l'un de l'autre.

951. Problème-type. — *Partager 60 francs entre deux personnes, de manière que l'une ait le double de l'autre.*

La 1re ayant 1 part, la 2e en a 2. Cela fait 3 parts égales qui font
ensemble 60^f. 1 part est   60^f : 3 ; c'est ce qu'a la 1re personne. La
deuxième a 2 fois plus.

---

* Rectangulaire signifie : en forme de rectangle.

Problèmes analogues.

952. Paul a 3 fois plus de billes que Pierre. Ensemble ils en ont 68. Combien chacun en a-t-il ?

953. J'ai acheté 2 fauteuils et 3 chaises pour 72 francs. Chaque fauteuil m'a coûté autant que les 3 chaises. Dire le prix d'un fauteuil et le prix d'une chaise.

Un fauteuil coûtant autant que 3 chaises, le prix de deux fauteuils est égal au prix de 6 chaises.

C'est donc comme si j'avais acheté   6 + 3 ou 9 chaises.
Le prix d'une chaise est 72^f : 9, etc.

954. Un fermier a un cheval et un âne qui lui ont coûté 640 francs. Le cheval lui a coûté 7 fois plus que l'âne. Quel est le prix de l'une et de l'autre bête ?

C'est comme s'il avait acheté   7 + 1 ânes.
Le prix d'un âne est 640^f : 8, etc.

Division et multiplication.

(Méthode de l'unité.)

955. Problème-type. — *Un ouvrier reçoit 15 francs pour 3 jours de travail. Combien recevrait-il pour 8 jours de travail ?*

L'ouvrier gagne par jour $15^f : 3 = 5^f$.
En 8 jours, il gagnerait $5^f \times 8$.

Problèmes analogues.

956. 3 ouvriers ont fait en un jour 15 mètres d'ouvrage. Combien 7 ouvriers auraient-ils pu en faire ?

957. 15 mètres de drap ont coûté 120 francs ; combien doit-on payer pour 2 mètres de ce drap ?

958. Une voiture automobile a fait 135 kilomètres en 3 heures ; quel chemin fera-t-elle en 5 heures ?

959. Une marchande achète 200 œufs pour 20 francs ; à combien lui revient la douzaine ?

Méthode de l'unité (suite).

960. Problème-type. — *3 mètres d'un drap ont coûté 27 francs. Combien en aura-t-on de mètres pour 180 francs ?*

1 mètre coûte $27^f : 3 = 9^f$.

Pour 180 francs, on en aura autant de mètres que 9 est contenu dans 180,   ou   180 : 9.

Problèmes analogues.

961. Un ouvrier a reçu 84 francs pour 12 journées de travail. Combien de jours doit-il travailler pour recevoir 154 francs ?

Il faut chercher ce que l'ouvrier gagne par jour, puis diviser 154 francs par son salaire journalier.

962. 6 kilogrammes de chocolat coûtent 24 francs ; combien aura-t-on de kilogrammes pour 80 francs ?

963. 5 ouvriers ont fait 15 mètres d'ouvrage en un jour ; combien faudra-t-il d'ouvriers pour faire 24 mètres de ce même ouvrage en un jour ?

964. On a 15 bouteilles de vin pour 12 francs ; combien en aura-t-on pour 50 francs ?

965. A raison de 3 francs le mètre carré, que vaut un terrain ayant la forme d'un rectangle dont la longueur est de 128 mètres et la largeur de 85 mètres ?

966. A raison de $1^f,75$ par mètre carré, que coûtera la peinture d'un plafond rectangulaire de $4^m,50$ de long sur 4 mètres de large ?

PROBLÈMES DE REVISION

967. J'achète, le 1er avril, une armoire de 160 francs que je m'engage à payer à raison de 5 francs par semaine. A quelle époque aurai-je tout payé ?

968. Un bec de gaz brûle 600 litres de gaz en 5 heures ; un autre en brûle 840 litres en 7 heures. Quel est celui qui en brûle le plus à l'heure et combien ?

969. Un orfèvre achète 5 hectogrammes d'or à $3^f,10$ le gramme. Que doit-il payer ?

970. Dire le prix de 9 douzaines d'assiettes à 75 francs le cent ?

971. Deux personnes font la commande suivante qu'elles paieront par moitié :

9 kg	de sucre	à $0^f,70$ le kilogramme,
6 kg	de sel	à $0^f,50$ le kilogramme,
1 kg 5 hg	de café	à $4^f,50$ le kilogramme,
2 litres	de vinaigre	à $0^f,75$ le litre.

Combien chacune paiera-t-elle ?

972. Un locataire paie 270 francs par trimestre à son propriétaire. Quel est son loyer par jour ? Compter les mois de 30 jours.

973. Le kilogramme de viande valant $2^f,50$, que vaut un morceau de 8 hectogrammes ?

974. Un mouton coûte 4 fois moins qu'un veau. Sachant qu'un veau et un mouton ont coûté ensemble 200 francs, on demande le prix d'un mouton et le prix d'un veau.

Le prix d'un veau, c'est le prix de 4 moutons. Le prix d'un veau et d'un mouton est donc égal au prix de 5 moutons.

975. 4 paquets de 100 enveloppes coûtent 3 francs. A combien revient une enveloppe ? Combien gagnerait-on en les revendant à raison de 5 pour 1 sou ?

976. Un pain de 5 hectogrammes coûte $0^f,25$. Que coûteraient 10 pains de 2 kilogrammes chacun ?

Chercher d'abord le prix de 1 kilogramme de pain, puis multiplier ce prix par 2×10.

977. Un papetier vend des cahiers à 10 centimes la pièce. Combien vendra-t-il 3 douzaines de ces cahiers ?

978. Un employé gagne 2 100 francs par an ; combien gagne-t-il : 1° par mois ; 2° par trimestre ?

979. Un ouvrier qui profite du repos hebdomadaire reçoit $134^f,40$ pour le travail de 4 semaines ; combien gagne-t-il par jour ?

980. 6 kilogrammes de chocolat valent 24 francs. 1° Que vaut le demi-kilogramme ? 2° Que valent 10 kilogrammes ?

981. Une famille a brûlé dans l'hiver 17 hectolitres de coke à $2^f,05$ l'hectolitre et 500 kilogrammes de bois à 42 francs les 1 000 kilogrammes. Quelle a été sa dépense pour le chauffage ?

982. Une paire de poulets vaut $4^f,50$; combien doit-on payer pour 9 poulets ?

983. Un maître maçon achète 3 850 briques à $19^f,50$ le 1 000. Que doit-il payer ?

984. Combien : 1° 8 760 heures font-elles de jours ?
2° 525 600 minutes » » ?

985. Un commerçant gagne 5 francs sur la vente de 20 kilogrammes de marchandises. Combien gagnera-t-il sur la vente de 50 kilogrammes ?

986. Autour d'un terrain carré de 70 mètres de côté on a planté des poteaux espacés de 5 mètres ; combien y en a-t-il ?

987. Le double hectolitre de vin valant 72 francs, dire combien on aura de litres de ce vin pour 180 francs.

988. Un employé gagne par an 1 980 francs ; s'il dépense annuellement 1 860 francs, quelle économie fait-il par mois ?

989. Une marchande avait un millier d'œufs ; elle en a vendu 400 ; combien lui en reste-t-il de douzaines ?

990. 5 mètres de drap ont coûté autant que 8 mètres de soie à 7^f,50 le mètre. Dire le prix du mètre de drap.

991. Un marchand achète des fromages à 4^f,80 la douzaine. En les revendant 0^f,60 pièce, combien gagnera-t-il par fromage ?

992. Deux pièces égales d'une toile à 1^f,50 le mètre ont coûté ensemble 150 francs. Quelle est la longueur de chaque pièce ?

    C'est comme s'il n'y avait qu'une pièce de toile à 3^f le mètre.

993. 3 kilogrammes de beurre ont coûté 9^f,75 ; combien coûteraient 20 kilogrammes de ce beurre ?

994. Deux caisses de savon en contiennent : l'une, 215 kilogrammes ; l'autre, 260 kilogrammes. A raison de 1^f,20 le kilogramme, dire la valeur des deux caisses.

995. J'avais 275 francs et mon ami 318 francs ; j'ai dépensé 48 francs et mon ami a dépensé le double. Combien ai-je maintenant de plus que lui ?

996. Deux pièces d'un drap à 9 francs le mètre ont coûté ensemble 648 francs. L'une des deux pièces a 8 mètres de plus que l'autre. Dire la longueur de chaque pièce.

997. On partage 380 francs entre 15 personnes ; les 8 premières doivent avoir chacune 30 francs. Combien chacune des autres doit-elle avoir ?

998. J'échange 2 pièces de vin valant chacune 185 francs contre une pièce d'eau-de-vie et je donne en plus 245 francs. Quel est le prix de cette pièce d'eau-de-vie ?

999. Deux amis font bourse commune ; ils ont ensemble 425 francs. Le premier n'a mis que 178 francs. Combien doit-il ajouter pour que sa part soit égale à celle du deuxième ?

Chercher la mise du 2e :425^f — 178^f, puis la différence entre les deux mises.

Cette différence est ce que le 1er doit ajouter.

1000. Sur une facture de 2 000 francs que je paie comptant, on me fait une remise de 5 francs par 100 francs. Combien ai-je à verser ?

Arithmétique

DIVISION DES NOMBRES ENTIERS (*suite*)

135. *Règle générale.* *On sépare sur la gauche du divi-dende assez de chiffres pour former un nombre capable de contenir le diviseur 9 fois au plus. On divise ce nombre par le diviseur et l'on obtient ainsi le premier chiffre du quo-tient. On soustrait du premier dividende partiel le produit du diviseur par le chiffre trouvé. A la droite du reste on abaisse le chiffre suivant du dividende pour former un deuxième dividende partiel qu'on divise de nouveau par le diviseur. On obtient ainsi le deuxième chiffre du quotient. On continue comme précédemment jusqu'à ce qu'on ait abaissé le dernier chiffre du dividende et trouvé le dernier chiffre du quotient.*

Si l'un des dividendes partiels ne contient pas le divi-seur, on écrit zéro au quotient et l'on abaisse le chiffre suivant du dividende pour former un nouveau dividende partiel.

Exemple : **48 257 : 926.**

```
48 257 |926
46 30  |52
─────
 1 957
 1 852
─────
   105
```

Il faut séparer sur la gauche du dividende les quatre premiers chiffres formant le nombre 4 825 (dizaines). Et l'on dit :

En 4 825 combien de fois 926 ?

Ou, en 48 (mille) combien de fois 9 (cent)? . . . 5 fois. J'écris 5 au quotient; on multiplie le diviseur 926 par 5 et on écrit le produit sous 4 825. On fait la soustraction. A la droite du reste, 195, on abaisse le 7 du dividende, ce qui fait 1 957.

Et l'on dit : en 1 957 combien de fois 926 ?

Ou, en 19 combien de fois 9 ? . . . 2 fois.

On écrit 2 au quotient ; on fait le produit de 926 par 2 et on le retranche du reste 1 957 ; il reste 105.

EXERCICES ÉCRITS

1001.	492 : 23		**1005.**	347 : 11
	475 : 32			945 : 73
1002.	360 : 21		**1006.**	645 : 25
	725 : 14			845 : 23
1003.	804 : 16		**1007.**	916 : 16
	926 : 34			814 : 17
1004.	765 : 18		**1008.**	893 : 57
	732 : 28			728 : 24

1009.	5 604 : 24		**1019.**	62 708 : 53
1010.	2 985 : 19		**1020.**	14 528 : 365
1011.	3 915 : 45		**1021.**	47 560 : 87
1012.	7 690 : 28		**1022.**	52 840 : 720
1013.	8 029 : 36		**1023.**	12 903 : 68
1014.	7 650 : 34		**1024.**	24 748 : 642
1015.	3 682 : 29		**1025.**	25 248 : 76
1016.	8 405 : 58		**1026.**	23 615 : 432
1017.	7 960 : 56		**1027.**	30 925 : 47
1018.	5 306 : 27		**1028.**	48 915 : 718

1029. Un homme dépense 1 095 francs par an pour sa nourriture. Combien dépense-t-il par jour ?

Il faut diviser 1 095^f par 365.

1030. Un marchand achète 280 kilogrammes de café pour 1 400 francs. A quel prix lui revient le kilogramme ?

Il faut diviser 1 400^f par 280.

1031. Combien 732 heures font-elles de jours ? Indiquer le reste.

1032. 1° Un patron a besoin de 222 francs par jour pour payer ses 37 ouvriers. Combien chacun gagne-t-il par jour ?

2° Quelle somme lui faudrait-il pour la paye d'une semaine de 6 jours de travail ?

1033. On partage un terrain de 2 hectares en 16 lots. Dire en mètres carrés la superficie de chaque lot.

2 ^{ha}, c'est 20 000 ^{m2}.
Il faut diviser 20 000 ^{m2} par 16.

1034. La grosse de peignes (144) se vend 216 francs. Dire le prix exact d'un peigne.

1035. Un marchand a payé 1 440 francs pour 32 moutons. Il veut gagner 160 francs sur son achat. A quel prix doit-il revendre chaque mouton ?

Il faut qu'il vende les 32 moutons   1 440ᶠ + 160ᶠ.

En divisant cette somme par 32, on trouvera le prix de vente d'un mouton.

1036. Quelqu'un a 975 francs à payer à raison de 15 francs par semaine. Au bout de quel temps la dette sera-t-elle payée ?

1037. Une marchande vend les œufs 15 francs le cent. Combien vend-elle la douzaine ?

1038. Combien 1 160 jours font-ils d'années ordinaires ? Indiquer le reste en mois de 30 jours et en jours.

1039. Un terrain de 2 384 mètres carrés est vendu 107 280 francs. Quel est le prix du mètre carré ?

1040. Un marchand paye 3 770 francs pour une livraison de paires de bottines à 13 francs la paire. Combien doit-il recevoir de paires ?

1041. Au bout de quel temps un train qui fait 48 kilomètres à l'heure a-t-il parcouru 336 kilomètres ?

1042. Un voyageur part avec 1 000 francs et revient au bout de 18 jours avec 568 francs. Combien a-t-il dépensé par jour en moyenne ?

Il faut ôter 568ᶠ de 1 000ᶠ et diviser la différence par 18.

---

136. Simplification du calcul de la division.

Soit une division quelconque :

$$48\,257 : 926.$$

Au lieu d'écrire chacun des chiffres du premier produit partiel 926×5 sous ceux du dividende, il est plus rapide d'en effectuer la soustraction à mesure et d'écrire seulement le reste. Pour cela, on augmente chaque chiffre du dividende d'autant d'unités de l'ordre immédiatement supérieur que cela est nécessaire pour que la soustraction soit possible ; mais, par compensation, on ajoute ce même nombre d'unités au produit suivant à soustraire. On fait de même pour le deuxième produit partiel 926×2, qu'on retranche directement du deuxième dividende, 1 957.

Au lieu de :   On fait :

```
48 257 |926          48 257 |926
46 30  |52            1 957  |52
-----                 -----
1 957                 105
1 852
-----
105
```

Le premier dividende partiel est 4 825 ; le premier chiffre du quotient est 5. On dit :

5 fois 6 font 30 ... ôté de 35, reste 5 et je retiens 3.

5 fois 2 font 10, et 3 de retenue font 13 ... ôté de 22, reste 9 et je retiens 2.

5 fois 9 font 45, et 2 de retenue font 47 ... ôté de 48, reste 1.

J'abaisse le 7 du dividende et après avoir écrit 2 au quotient, je continue en disant :

2 fois 6 font 12 ... ôté de 17, reste 5 et je retiens 1.

2 fois 2 font 4, et 1 de retenue font 5 ... ôté de 5, reste 0.

2 fois 9 font 18 ... ôté de 19, reste 1.

Ainsi le quotient est 52 et le reste est 105.

Soit encore la division :   **51 632 : 64.**

```
51 632|64          Le premier dividende partiel est 516 ; le
   432|806          premier chiffre du quotient est 8 et le pre-
    48|              mier reste est 4.
```

A la droite de ce reste j'abaisse le chiffre suivant 3, du dividende, ce qui donne 43 comme deuxième dividende partiel ; 43 ne contenant pas le diviseur 64, j'écris 0 au quotient et j'abaisse le dernier chiffre 2 du dividende, ce qui donne 432 comme troisième dividende partiel.

Le troisième chiffre du quotient est 6 et le reste est 48.

137. *Lorsque le dividende et le diviseur sont terminés par des zéros, on peut en supprimer sur la droite de chacun d'eux autant qu'il y en a à la droite de celui qui en contient le moins.*

Exemple : Diviser **470 000** par **5 300.**

```
470 000|5 300        On supprime deux zéros à la droite du
   46 0 |88           diviseur et à la droite du dividende, puis
    3 6 |             on divise 4 700 par 53.
```

Le quotient est 88 et le reste est 36 *centaines.*

DIVISION DES NOMBRES DÉCIMAUX

138. Diviser un nombre entier ou décimal par 10, 100, 1 000, etc.

Diviser un nombre par 10, 100, 1 000 ... revient à en chercher un autre qui soit 10 fois, 100 fois, 1 000 fois ... plus petit.

Si le nombre est entier, on sépare sur sa droite 1, 2, 3 ... chiffres décimaux.

Exemple :　　　　　**73 542 : 100 = 735,42.**

Si le nombre est décimal, on déplace la virgule de 1, 2, 3 ... rangs vers la gauche.

Exemple :　　　　　**735,4 : 100 = 7,354.**

EXERCICES ORAUX

1043.　1° 　540^f : 　10　　3° 5 600 : 1 000　　5° 　825^f : 100
　　　　2° 8 700^f : 100　　4° 　75^f : 　10　　6° 　 8 : 　10

1044.　1° 725^{hm} : 100　　3° 48,6 : 　10　　5° 17^{dal} : 　10
　　　　2° 85^{hm} : 　10　　4° 89^{hl} : 100　　6° 　7,5 : 100

---

139. Quotient continué par des décimales.

Quand une division donne un reste, il peut être utile de compléter le quotient par des dixièmes, des centièmes, etc.

Exemple : Calculer le quotient de **571** par **24** jusqu'aux centièmes.

```
1°    571 |24          2°    571 | 24
       91 |23                 91 |23,79
       19 |                   190
                             220
                              04
```

1° La division donne d'abord 23 unités au quotient et il reste 19 unités ;

2° On met une virgule au quotient ; on écrit un zéro à la droite du reste. On a alors 190 dixièmes à diviser par 24. Le quotient est 7 dixièmes et il reste 22 dixièmes.

On écrit encore un zéro à la droite du reste 22 dixièmes et l'on a 220 centièmes à diviser par 24. Le quotient est 9 centièmes et il reste 4 centièmes.

On pourrait continuer ainsi l'opération si on jugeait nécessaire d'avoir des millièmes au quotient.

---

140. Dividende plus petit que le diviseur.

Il arrive souvent qu'on a à diviser un nombre d'unités par un nombre plus grand que le dividende.

EXEMPLE : Partager **3** mètres de toile en **8** coupons d'égale longueur.

d'abord :   puis :   puis :

$$3 \mid \underline{8} \qquad\qquad 30 \mid \underline{8} \qquad\qquad 300 \mid \underline{8}$$
$$0, \qquad\qquad 6 \mid 0{,}3 \qquad\qquad 60 \mid 0{,}37$$
$$4$$

Chaque coupon aura une longueur de $0^m{,}37$.

Ainsi :

Quand le dividende est plus petit que le diviseur, on met d'abord au quotient un zéro suivi d'une virgule, puis on convertit le dividende en dixièmes, ou en centièmes ..., en écrivant 1, 2 ... zéros à la droite ; on fait alors la division comme à l'ordinaire.

EXERCICES ÉCRITS

Partager exactement :

1045. 1° 2^f en 8 parties égales. 2° 2^m en 25 parties égales.
1046. 3^f » 6 » » 3^l » 32 » »
1047. 1^f » 5 » » 45^l » 60 » »
1048. 6^f » 15 » » 15^{kg} » 240 » »
1049. 9^f » 12 » » 18^l » 36 » »

---

141. Diviser un nombre décimal par un nombre entier.

Règle. Pour diviser un nombre décimal par un nombre entier, on opère comme si le dividende était un nombre *entier, **mais** on met une virgule au quotient quand on abaisse le chiffre des dixièmes du dividende.*

EXEMPLE :　　　　　**856,45 : 48.**

$$
\begin{array}{r|l}
856,45 & 48 \\
376 & \overline{17,84} \\
404 & \\
205 & \\
13 &
\end{array}
$$

Quand il n'y a pas d'unités au dividende, on met d'abord au quotient un zéro avec une virgule et on opère comme à l'ordinaire.

EXEMPLE :　　　　　**0,95 : 19.**

$$
\begin{array}{r|l}
0,95 & 19 \\
0 & \overline{0,05}
\end{array}
$$

Je dis : en 9 combien de fois 19 ? Il n'y est pas ; j'écris 0 au quotient. Je dis ensuite : en 95 combien de fois 19 ? 5 fois ; 5 fois 19 font 95 que j'ôte de 95. Il reste 0.

EXERCICES ÉCRITS

Partager exactement :

1050. 1^f,65 en 5 parties égales.　**1054.** 50^m　en 16 parties égales.

1051. 3^f,75 » 15　»　»　**1055.** 102^m,4 » 32　»　»

1052. 7^f,45 » 13　»　»　**1056.** 24^{kg},70 » 38　»　»

1053. 4^f,5 » 6　»　»　**1057.** 0^f,90 » 12　»　»

EXERCICES ORAUX OU ÉCRITS

1058. Partager 7^f,50 en 5 parties égales.

1059. 8 mètres de drap ont coûté 60 francs. Dire exactement le prix du mètre.

1060. On partage un terrain de 8 ares en 16 lots égaux. Dire, en mètres carrés, la superficie de chacun.

1061. Deux douzaines de mouchoirs ont coûté 12 francs ; quel est le prix d'un mouchoir ?

1062. Un ouvrier a gagné 120 francs en 24 jours de travail. Combien gagnait-il par jour ?

1063. Un employé gagne 2100 francs par an ; combien gagne-t-il par mois ?

1064. 12 litres de vin ont coûté 9 francs. Quel est le prix du litre ?

1065. On a payé 15 francs une douzaine de serviettes ; à combien revient une serviette ?

1066. On a 25 oranges pour 2^f,50 ; à combien revient la douzaine ?

1067. Combien y a-t-il de douzaines dans un cent ?

1068. J'achète 7 poissons semblables pour 1^f,75. A combien l'un ?

1069. On vend 18 pigeons pour 27 francs. Combien vend-on la paire ?

1070. La douzaine de canifs se vend 7^f,20. 1° Quel est le prix d'un canif ? 2° Quel est le prix du demi-cent ?

1071. Le photographe fait payer 18 francs la douzaine de portraits-cartes. A combien revient une carte ?

1072. Que vaut le mètre carré de terrain : 1° si l'are vaut 480 francs ? 2° si l'hectare vaut 2500 francs ?

1073. On veut partager 12^f,50 entre 5 enfants ; quelle sera la part de chacun ?

1074. On vend le millier d'œufs 150 francs ; combien vendrait-on la douzaine ?

1075. On donne 2 oranges pour 25 centimes, combien en donnera-t-on pour 1 franc ?

1 franc   c'est   100 centimes.
On aura autant de fois 2 oranges que 25 est contenu dans 100.

1076. 3 mètres d'étoffe coûtent 24 francs. Que doit-on payer pour 5 mètres de cette étoffe ?

PROBLÈMES SUR LA DIVISION DES NOMBRES DÉCIMAUX

(Le diviseur est un nombre entier.)

1077. 15 litres de vin valent 6^f,75 ; que vaut le litre ?

1078. La douzaine de chapeaux est vendue 107^f,40 ; quel est le prix d'un chapeau ?

1079. Un marchand vend 5 douzaines d'œufs 4^f,80 ; quel est ainsi le prix d'un cent d'œufs ?

5 douzaines, c'est   60.

     Prix d'un œuf   4^f,80 : 60 = 0^f,08
     Le cent vaut   0^f,08 × 100.

1080. Un pain de 2 kilogrammes vaut 0^f,92. Quel est le prix du demi-kilogramme. (Le demi-kilogramme est communément appelé *livre.*)

1081. Une marchande gagne 2 centimes sur chaque poire qu'elle vend. Combien doit-elle en vendre pour gagner 3 francs ?

        3^f c'est   300 centimes.

La marchande doit vendre autant de poires que 2 est contenu dans 300.

1082. On paye 7^f,50 pour 3 kilogrammes de viande. Quel est le prix : 1° du kilogramme ; 2° du demi-kilogramme ?

1083. Un marchand achète 4 douzaines de cravates pour 64^f,80. A combien lui revient une cravate ?

1084. La pièce de vin de 228 litres coûtant 159^f,60, dire le prix du litre.

1085. On a payé 32 francs pour 12 kilogrammes de chocolat. Dire en francs et centimes le prix du kilogramme.

1086. 4 pièces de vin de chacune 225 litres ont coûté 540 francs. Quel est le prix du litre ?

1087. Le cent d'allumettes se vend 0^f,10 ; combien aura-t-on d'allumettes : 1° pour 1 franc ? 2° pour 3^f,50 ?

1088. J'ai acheté une pièce de ruban 4^f,75. On me compte le mètre 0^f,50. Quelle doit être la longueur de la pièce ?

1089. Un cheval au trot fait 10 kilomètres 4 hectomètres à l'heure ; combien fait-il de mètres à la minute ?

Système métrique

MESURES DE VOLUME

Pour mesurer 1 mètre cube ou 1 stère de bois, les deux hommes ont enfoncé en terre, à 1 mètre l'un de l'autre, deux pieux qui ont une hauteur de 1 mètre. Entre les deux pieux ils vont entasser jusqu'en haut des bûches de 1 mètre de long.

142. L'unité principale des mesures de volume est le **MÈTRE CUBE**.

143. Mètre cube, ses sous-multiples.

Un *mètre cube* (**m³**) est un cube de 1 mètre d'arête.

Un *décimètre cube* (**dm³**) est un cube de 1 décimètre d'arête.

Un *centimètre cube* (**cm³**) est un cube de 1 centimètre d'arête.

144. Un cube de 1 mètre d'arête peut être divisé en 1 000 cubes de 1 décimètre d'arête.

De même, un cube de 1 décimètre d'arête peut

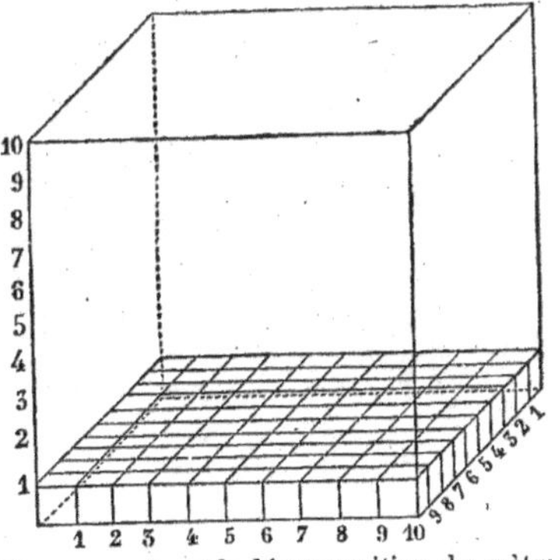

Figure montrant la décomposition du mètre cube en 1 000 décimètres cubes.

être divisé en 1000 cubes de 1 centimètre d'arète, etc.

Ainsi :

Le mètre cube (**m³**) vaut 1000 décimètres cubes ou $1\,000 \times 1\,000 = 1\,000\,000$ centimètres cubes.

Le décimètre cube (**dm³**) est le millième du mètre cube : $0^{m3},001$. Il est égal au litre.

Le centimètre cube (**cm³**) est le millième du décimètre cube ou le millionième du mètre cube : $0^{m3},000001$.

On évalue en *mètres cubes* les travaux de terrassement, de maçonnerie, les grands volumes d'eau, etc.

MESURES POUR LE BOIS DE CHAUFFAGE

145. L'unité principale des mesures pour le bois de chauffage est le **STÈRE**.

Le *stère* (**s** ou **m³**) est un volume de bois de 1 mètre cube.

146. Le seul multiple décimal du *stère* est le *décastère* (**das**).

Le seul sous-multiple décimal du stère est le *décistère* (**ds**).

147. Le stère est un châssis formé de 3 membrures dont l'une est horizontale et s'appelle la *sole*; les deux autres sont verticales et s'appellent les *montants*. Pour mesurer le bois, on entasse les bûches entre les montants jusqu'à ce que le châssis soit rempli. La longueur de la sole entre les montants est de 1 mètre.

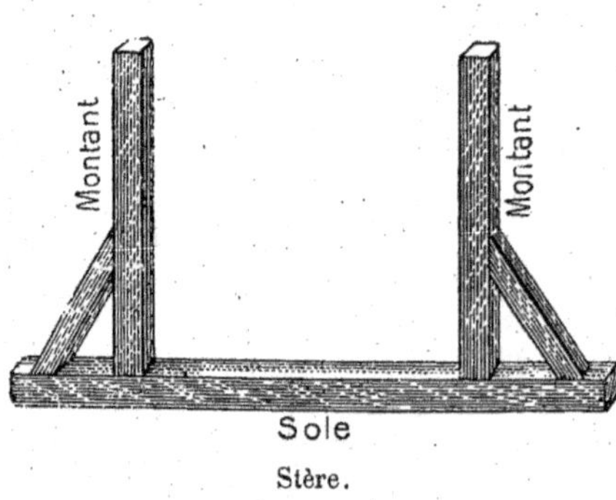

Stère.

148. Le stère n'est pas d'un usage général; le bois se vend le plus souvent au poids.

Notions de Géométrie

SOLIDES

149. Les *solides* sont les figures qui présentent les trois dimensions : *longueur*, *largeur*, *épaisseur*.

150. Un **parallélépipède droit** est un solide limité par six rectangles égaux deux à deux.

EXEMPLES : Une caisse d'emballage, une poutre équarrie.

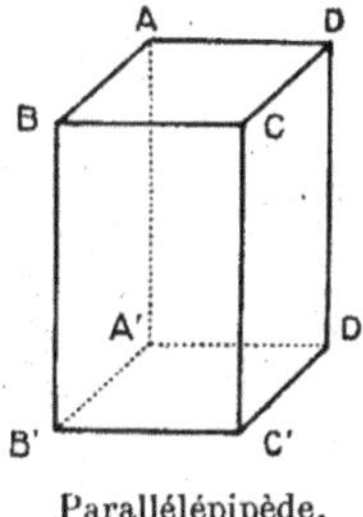

Parallélépipède.

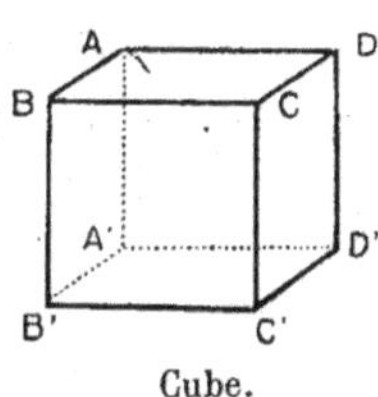

Cube.

151. Un **cube** est un solide limité par six carrés égaux.

EXEMPLE : Un dé à jouer.

152. On appelle **prisme droit**, en général, un solide dont deux faces, appelées *bases*, sont des polygones égaux et parallèles, et dont les autres faces sont des rectangles.

Suivant le nombre des côtés de sa base, le prisme est triangulaire, quadrangulaire, pentagonal, hexagonal, etc.

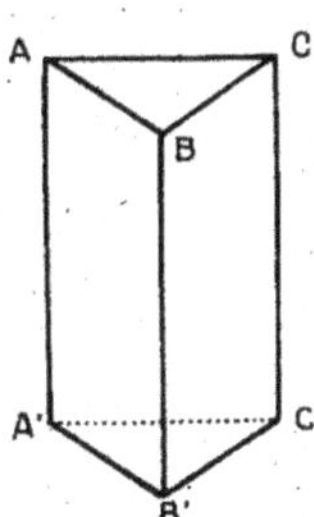

Prisme triangulaire.

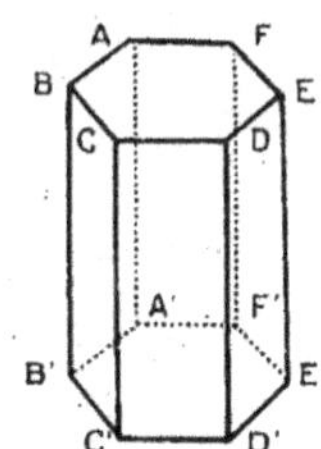

Prisme hexagonal.

153. Une **pyramide** est un solide qui a pour base un polygone quelconque ABCD et dont les autres faces sont des triangles ayant un même sommet S.

Exemple : Un clocher.

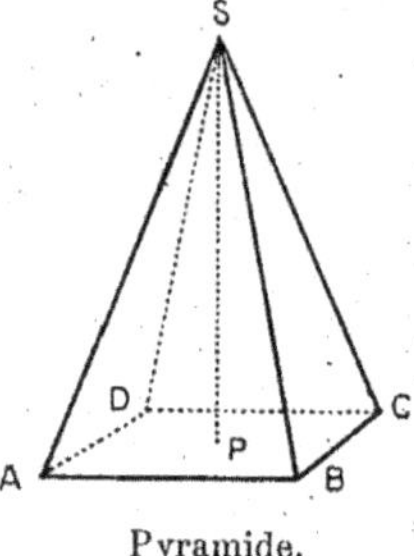

Pyramide.

MESURE DU VOLUME DU PARALLÉLÉPIPÈDE DROIT ET DU CUBE

154. *Le volume d'un parallélépipède rectangle est égal au produit de ses trois dimensions.*

Exemple : Trouver la capacité d'une chambre de 5 mètres de long sur 4 mètres de large et 3 mètres de hauteur.

Capacité : $5 \times 4 \times 3 = \mathbf{60}$ mètres cubes.

La figure ci-dessous montre l'exactitude du procédé suivi :

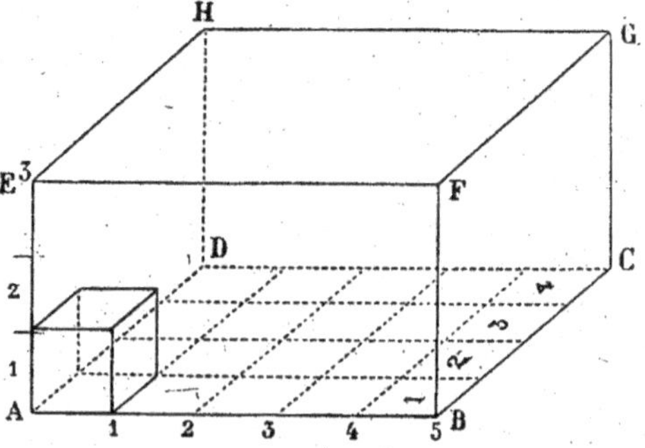

La surface du sol de la chambre est égale à

$$5 \times 4 = \mathbf{20} \text{ mètres carrés.}$$

Si, sur chacun des carrés de la base, on suppose placé 1 mètre cube, on aura formé une tranche de 20 mètres cubes.

La hauteur de la chambre étant de 3 mètres, on peut supposer une 2⁰ tranche par-dessus la 1ʳᵉ, puis une 3ᵉ tranche par-dessus la 2ᵉ. La capacité est donc égale à

$$20^{m3} \times 3 = 60 \text{ mètres cubes.}$$

155. *Le volume d'un cube est égal au produit de trois facteurs égaux à son arête.*

EXEMPLE : Trouver le volume d'un cube dont l'arête a 3 décimètres.

Volume : $3 \times 3 \times 3 = 27$ décimètres cubes.

EXERCICES ÉCRITS

1090. 1⁰ Combien de cubes de 1 décimètre d'arête ou de côté peut-on faire entrer dans un cube de 1 mètre de côté ?

2⁰ Combien de cubes de 1 centimètre de côté peut-on faire entrer dans un cube de 1 décimètre de côté ?

1091. Combien y a-t-il de décimètres cubes :

1⁰   dans 2 mètres cubes?   3⁰   dans $3^{m3},5$?
2⁰   dans 1 demi-mètre cube ?   4⁰   dans $6^{m3},08$?

1092. Écrire :

5 mètres cubes   8 décimètres cubes.
6   »   75   »
15   »   360   »

1093. Combien un mètre cube vaut-il : 1⁰ de litres? 2⁰ de décalitres ? 3⁰ d'hectolitres ?

Écrire en mètres cubes :

1094. 1⁰   1 stère,   2⁰   1 décastère,   3⁰   1 décistère.
1095.   1 500 litres,   2 400 litres,   6 000 litres.
1096.   85 hectolitres,   328 décalitres,   6 500 décilitres.

Écrire en décimètres cubes :

1097. 1⁰ 1 litre,   2⁰ 1 décalitre,   3⁰ 1 hectolitre.
1098.   360 litres,   45 décalitres,   8 hectolitres.

1099. Écrire en litres et additionner :

3 décalitres 5 litres,
5 hectolitres 1 décalitre 5 litres,
5 hectolitres 8 litres.

1100. Le fer vaut 0^f,25 le kilogramme. Que vaut un demi-mètre cube de fer, sachant que le mètre cube pèse 7500 kilogrammes ?

Un demi-mètre cube de fer pèse 7 500^{kg} : 2   ou 3 750^{kg}.
Il vaut donc   0^f,25 × 3 750.

1101. On a une cuve d'une contenance de 1 mètre cube; on y verse 73 décalitres d'eau. Combien de litres d'eau peut-on y verser encore ?

73 dal font 730^l. On peut encore verser dans la cuve 1000^l — 730^l.

1102. On a acheté 75^{m3},800 décimètres cubes de bois à raison de 18 francs le stère. Combien doit-on payer ?

1103. Un bassin contenait 18 mètres cubes d'eau. On en a tiré 3^{m3},650 décimètres cubes. Quel volume d'eau reste-t-il dans le bassin ?

1104. Une cuve a une contenance de 3 mètres cubes; on y verse 23 hectolitres d'eau. Combien faut-il y verser encore de litres d'eau pour l'emplir?

1105. Dire en hectolitres la capacité d'une cuve cubique dont l'arête intérieure a 0^m,60.

RÉSOLUTION DES PROBLÈMES

Calculer le prix de revient d'un objet.

1106. Problème-type. — *Pour faire 6 chemises, il a fallu 10 mètres de calicot à 0^f,75 le mètre et l'on a payé 10^f,50 de façon à l'ouvrière. A combien revient chaque chemise?*

Le prix total de revient se compose du prix du calicot et du prix de la façon.
On additionnera ces deux prix et on divisera le total par 6.

Prix du calicot	0^f,75 × 10 = 7^f,50
Façon	10^f,50
Prix total	18^f,00

Prix de revient d'une chemise 18^f : 6.

Problèmes analogues.

1107. J'ai acheté 40 bouteilles de vin pour 25 francs et j'ai payé en plus 2 francs de transport. A combien me revient chaque bouteille?

1108. Une personne achète 8 chaises à 9^f,50 l'une et, comme elle paye comptant, le marchand lui fait une remise de 4 francs. A combien lui revient chaque chaise?

1109. Sur une pièce de drap de 36 mètres qu'il a vendue 450 francs, e fabricant gagne 45 francs. A combien lui revenait le mètre de drap?

Établir le prix de vente d'un objet.

1110. Problème-type. — *Un marchand a payé 180 francs pour 24 lampes pareilles. A quel prix doit-il revendre chaque lampe pour gagner 48 francs sur le tout?*

Il faut ajouter le bénéfice voulu au prix d'achat et diviser le total par 24.

Prix total de vente :   180^f + 48^f = 228 francs.
Prix de vente d'une lampe :   228^f : 24.

Problèmes analogues.

1111. Une pièce de toile de 45 mètres a coûté 370 francs. Combien faut-il la revendre pour gagner 2 francs par mètre?

1112. L'hectolitre de vin coûtant 50 francs, combien faut-il revendre le litre pour gagner 20 francs sur une pièce de 200 litres de ce vin?

1113. Un négociant a acheté 500 kilogrammes de café qui lui ont coûté 900 francs. Combien doit-il revendre le kilogramme pour gagner 240 francs sur le tout?

Calcul du bénéfice.

1114. Problème-type. — *J'achète 300 assiettes à 38 francs le cent; je les revends à raison de 6 francs la douzaine. Quel est mon bénéfice?*

Le bénéfice, c'est la différence entre le prix de vente et le prix de revient.

Le prix d'achat est 3 fois 38 francs, ou 38^f × 3 = 114 francs.
300 assiettes font :   300 : 12 = 25 douzaines.
Prix de vente :   6^f × 25 = 150 francs.
Bénéfice :   150^f — 114^f.

Problèmes analogues.

1115. Une pièce de vin de 225 litres revient au marchand à 104 francs. Quel bénéfice fait-il en revendant ce vin à raison de 0^f,60 le litre?

1116. Un marchand a acheté 28 moutons à 39 francs l'un. A quel prix doit-il revendre chaque bête pour gagner 70 francs sur le tout?

1117. Un marchand a acheté 84 couteaux à 7^f,50 la douzaine; il les revend 0^f,95 pièce. Combien gagnera-t-il sur le tout?

Trouver le prix d'achat.

1118. **Problème-type**. — *En vendant le litre de vin 0^f,75, le marchand gagne 4^f,80 sur 60 litres; combien avait-il payé le litre de ce vin?*

Il faut chercher ce qu'il gagne par litre en divisant 4^f,80 par 60 et retrancher le gain par litre du prix de vente.

Bénéfice par litre   4^f,80 : 60 = 0^f,08.
Prix d'achat du litre   0^f,75 — 0^f,08.

Problèmes analogues.

1119. En vendant 72 francs une pièce de toile de 40 mètres, le marchand gagne 0^f,50 par mètre. Quel était le prix d'achat du mètre?

1120. Une balle de café de 50 kilogrammes revient à 225 francs. Sachant que, dans ce prix, il y a 5 francs de menus frais, dire quel était le prix d'achat du kilogramme ?

1121. J'achète 24 volumes à 2^f,60 l'un, et l'on m'en donne 13 pour 12. Quel est le prix réel d'achat de l'unité ?

Il faut calculer le prix d'achat total 2^f,60 × 24 et diviser ce prix total par le nombre réel des volumes reçus.

Moyenne.

156. Pour trouver la moyenne de plusieurs quantités, on divise leur somme par leur nombre.

1122. **Problème-type**. — *Une personne a dépensé : lundi, 3^f,50; mardi, 3^f,75; mercredi, 4^f,25 ; jeudi, 2^f,80; vendredi, 3 francs, et samedi, 2^f,90. Quelle a été sa dépense moyenne par jour?*

On additionne les dépenses des six jours et on divise le total par 6.

Problèmes analogues.

1123. Une fermière achète 24 poulets à 1^f,05 l'un et 36 autres à 0^f,90. Quel est le prix moyen d'un poulet ?

Il faut chercher le montant total des deux achats et le diviser par le nombre total, 24 + 36 des poulets.

1124. On a mélangé 4 hectolitres de blé à 19 francs l'hectolitre avec 7 hectolitres de blé à 22 francs l'hectolitre ; quel sera le prix de revient de l'hectolitre du mélange ?

1125. On a mélangé 200 litres d'un vin à 0^f,60 avec 100 litres d'un autre vin à 0^f,40 ; quel est le prix du litre du mélange ?

PROBLÈMES DE REVISION

1126. On a 3 oranges pour 20 centimes ; combien en aurait-on : 1° pour 3 francs ? 2° pour 10 francs ?

1127. 25 douzaines d'assiettes ont coûté 120 francs. Quel est le prix d'une assiette ?

1128. Une personne dit : Si je gagnais 160 francs de plus par an, cela me ferait 4 francs par jour. Combien gagne-t-elle par an ?

1129. 20 barriques contenant chacune 100 litres d'huile ont coûté en tout 1 600 francs. Quel est le prix du litre d'huile ?

1130. Combien faut-il mettre de côté par jour pour avoir, au bout de 6 mois (de 30 jours), la somme nécessaire à l'achat de 8 chaises valant chacune 6^f,75 ?

1131. Quatre paquets de bougies ont coûté 4^f,80 ; chaque paquet renferme 8 bougies. Quel est le prix d'une bougie ?

1132. Un marchand achète 8 pièces de vin d'égale contenance pour 904 francs. Le litre de vin vaut 0^f,40. Dire la contenance de chaque pièce.

1133. Un rentier peut dépenser 1 260 francs. S'il dépense 4^f,50 par jour, au bout de quel temps aura-t-il dépensé tout son revenu ?

1134. Un marchand achète une pièce d'étoffe de 45 mètres à 3^f,10 le mètre. S'il la revend à raison de 3^f,60 le mètre, quel sera son bénéfice total ?

1135. A raison de 3 pommes pour 0^f,10, combien en aura-t-on pour 2 francs ?

1136. A raison de 1^f,25 la douzaine d'œufs, combien aura-t-on d'œufs pour 5 francs?

1137. Le demi-kilogramme de confiture valant 0^f,80, que doit-on payer pour un pot qui en contient 35 décagrammes?

1138. Un ouvrier reçoit 108 francs pour les journées de travail, à 4^f,50, qu'il a faites dans le mois de mars (31 jours). Combien a-t-il été de jours sans travailler dans ce mois?

1139. Un employé gagne 2000 francs par an et il dépense par mois 145 francs. Au bout de combien de mois aura-t-il économisé 600 francs?

1140. Un marchand vend 32 mètres de drap pour 480 francs. A ce prix il gagne 2^f,50 par mètre. Combien lui coûtait le mètre?

1141. Un marchand achète deux pièces de drap de chacune 34 mètres à 7^f,25 le mètre. Combien doit-il revendre le mètre pour gagner 85 francs sur le tout?

1142. Une somme de 126 francs se compose d'un même nombre de pièces de 10 francs, de 5 francs, de 2 francs et de 1 franc. Combien de chaque sorte?

Il faut additionner 10^f + 5^f + 2^f + 1^f et diviser 126^f par le total.

1143. Une pièce de vin de 225 litres a coûté 146 francs; on a payé en outre 15^f,60 de droits, 13^f,40 de transport et 5 francs pour la mise en bouteilles. A combien revient le litre?

1144. On a payé 21 francs pour 4 caisses de sucre pesant chacune 7^{kg},5. A quel prix a-t-on compté le kilogramme?

1145. 5 mètres de toile ayant coûté 40 francs, combien coûteraient 64 mètres de ce drap?

1146. Quel bénéfice fait-on par mètre en revendant 427 francs une pièce de drap de 35 mètres qu'on avait achetée 364 francs?

1147. Un fabricant paye 30 francs à une ouvrière pour la façon de deux douzaines de chemises. Si l'ouvrière a en tout 2^f,40 de fournitures, combien gagne-t-elle par chemise?

1148. On a mélangé 10 litres de vin à 0^f,80 le litre avec 2 litres de vin à 0^f,50. A combien revient le litre du mélange?

1149. Un secrétaire doit recopier un manuscrit de 30 pages; il lui faut 15 minutes par page. S'il commence son travail à 9 heures du matin, à quelle heure aura-t-il fini?

1150. Calculer le poids d'un cube de fer de 12 centimètres d'arête, sachant que le décimètre cube de fer pèse 7^{kg},50.

Arithmétique

DIVISION DES NOMBRES DÉCIMAUX (*suite*)

157. Diviser un nombre quelconque, entier ou décimal, par un nombre décimal.

Règle. Pour diviser un nombre quelconque par un nombre décimal, on supprime la virgule au diviseur et l'on multiplie le dividende par l'unité suivie d'autant de zéros qu'il y avait de chiffres décimaux au diviseur. On opère ensuite comme pour la division des nombres entiers.

EXEMPLE :   1° **108 : 2,25.**   2° **38,57 : 6,064.**

On supprime la virgule au diviseur et on multiplie le dividende par 100.

On supprime la virgule au diviseur et on multiplie le dividende par 1 000.

10800	225
1800	48
000	

38570	6064
2186	6

EXERCICES ÉCRITS

1151.	1°	3,8 :	1,9	2°	5,6 :	2,8
1152.		97,5 :	7,5		75,6 :	4,8
1153.		142,5 :	4,75		210 :	17,5
1154.		215 :	8,6		435,8 :	9,4
1155.		48,65 :	0,75		84,05 :	7,25
1156.		106,4 :	0,08		249,20 :	0,35
1157.		1 459,5 :	1,008		325,8 :	3,48
1158.		268,7 :	4,25		7 632,8 :	45,60
1159.		3 920,57 :	3,8		3 049 :	7,09
1160.		13 459,2 :	492,5		12 560 :	738,5
1161.		7 960,8 :	78,9		6 587,6 :	86,5

PREUVE DE LA DIVISION

158. Pour faire la **preuve de la division**, on multiplie le diviseur par le quotient et l'on ajoute le reste au produit ; on doit retrouver le dividende.

EXEMPLE :   **12 835 : 375.**

Opération :   *Preuve :*

12 835	375		375
1 585	34		34
85		1ᵉʳ prod. partiel	1 500
		2ᵉ prod. »	11 25
		Reste	85
			12 835

EXERCICES ORAUX

1162. On paye 6 francs pour $1^m,50$ d'étoffe ; combien payera-t-on pour 2 mètres de cette étoffe ?

1163. $2^{kg},50$ de viande coûtent $7^f,50$; que coûte le demi-kilogramme ?

1164. Un voyageur fait $4^{km},5$ à l'heure ; combien mettra-t-il de temps pour faire 18 kilomètres ?

1165. Le litre de vin valant $0^f,60$, combien en aura-t-on de litres pour $4^f,80$?

1166. Le cent d'oranges se vendant 35 francs, combien en aura-t-on pour 7 francs ?

1167. Quel est le nombre qui, multiplié par 2,5, donne pour produit 36 ?

1168. Une voiture automobile fait 54 kilomètres à l'heure ; quel chemin fait-elle par minute ?

1169. $3^m,25$ de drap ont coûté $7^f,50$. Combien doit-on payer pour 8 mètres de ce drap ?

1170. Combien aurait-on de timbres-poste à $0^f,05$:

         1° pour $3^f,50$;   2° pour $4^f,25$?

1171. Un ouvrier reçoit 130 francs pour 20 journées de travail. Combien gagne-t-il par jour ?

PROBLÈMES SUR LA DIVISION DES NOMBRES DÉCIMAUX
(Le diviseur est un nombre décimal.)

1172. J'avais acheté 50 litres de pétrole pour 20^f,90; mais il y a eu 2^l,5 de perdus. A combien me revient le litre de ce qui reste ?

Il n'y a plus que $\qquad$ 50^l — 2^l,50 = 47^l,50 de pétrole.
Chaque litre du reste me revient à $\quad$ 20^f,90 : 47,50.

1173. Combien aurait-on de kilogrammes de café à 4^f,75 le kilogramme pour le prix de 5 kilogrammes de thé à 9^f,50 le kilogramme ?

Chercher le prix des 5 kilogrammes de thé et diviser ce prix par le prix du kilogramme de café.

1174. Le mètre de ruban valant 0^f,80, quelle longueur en aurait-on : 1° pour 1 franc ? 2° pour 0^f,60 ?

1° On en aurait autant de mètres que 0^f,80 est contenu de fois dans 1^f ou 1 : 0,80.

2° On en aurait autant de mètres que 0^f,80 est contenu dans 0^f,60 ou 0^f,60 : 0,80.

1175. Un coupon de drap de 1^m,40 est vendu 12^f,60. A ce compte, quel est le prix du mètre ?

1176. 3^m,50 de soie ont coûté 21 francs; que coûteront 20 mètres de cette soie ?

Chercher le prix du mètre de soie en divisant 21 francs par 3,5 et multiplier ce prix par 20.

1177. Une pièce de vin de 2^{hl},2 vaut 110 francs; que doit-on payer pour une pièce de 200 litres ?

1178. 8^m,50 de drap valent autant que 5 mètres de velours à 17 francs le mètre. Dire ce que vaut le mètre de drap.

1179. On veut partager 145 francs entre 17 personnes; dire, en francs et en centimes, quelle sera la part de chaque personne.

1180. On a payé 115^f,20 pour un achat de crayons à 5^f,76 la grosse (144). Combien a-t-on acheté de crayons ?

1181. Le père et le fils reçoivent ensemble 230 francs pour leur salaire d'un mois. Sachant que le père gagne par journée de travail 5^f,70 et le fils 3^f,50, on demande combien ils ont travaillé de jours.

1182. Une boîte de plumes valant 1 franc, dire combien elle doit contenir de plumes, si on les compte à 0^f,80 le cent ?

Prix d'une plume $\qquad$ 0^f,80 : 100 = 0^f,008.
Nombre de plumes pour 1^f $\quad$ 1^f : 0^f,008.

1183. On paie 6ᶠ,15 pour aller de Paris à Orléans. On compte 0ᶠ,049 par kilomètre en 3ᵉ classe. Calculer, d'après cela, la distance de Paris à Orléans.

1184. Deux pièces d'un même vin ont coûté ensemble 220 francs à raison de 0ᶠ,50 le litre. La première pièce contenant 10 litres de plus que l'autre, dire le contenu de chacune.

1185. Une pièce de vin de 225 litres doit être mise en bouteilles. Si chaque bouteille contient 0ˡ,85, combien faudra-t-il de bouteilles ?

1186. En comptant la viande au prix de 1ᶠ,40 le kilogramme, un boucher estime un bœuf abattu et préparé 420 francs. Quel est le poids de ce bœuf ?

1187. Un éditeur qui gagne 0ᶠ,28 sur chaque exemplaire d'un ouvrage, calcule que son gain est de 67ᶠ,20 sur une commande qu'il vient de livrer. De combien d'exemplaires est cette commande ?

1188. 850 litres de vin sont vendus 357 francs. A quel prix l'hectolitre est-il vendu ?

$$850 \text{ litres, c'est } 8^{hl},5.$$
$$\text{Il faut diviser } 357 \text{ par } 8,5.$$

1189. Avec 200 francs que j'ai reçus, j'ai payé une dette de 46 francs et ce que je devais pour ma pension à raison de 3ᶠ,50 par jour. Combien de jours de pension avais-je à payer ?

1190. On a versé 25 litres d'eau dans un tonneau qui renfermait 180 litres de vin à 0ᶠ,60. A combien revient un litre de ce mélange ?

1191. On a payé 229ᶠ,50 pour la clôture d'un jardin carré, à raison de 1ᶠ,35 par mètre courant. 1° Quel est le côté de ce jardin ? 2° Quelle est sa superficie ?

1192. Un jardinier a récolté 250 kilogrammes de raisin qu'il a vendus à raison de 0ᶠ,25 le demi-kilogramme. Il évalue tous les frais de culture à 25 francs. Quel est son profit sur sa récolte ?

1193. Un débitant vend 0ᶠ,65 le litre d'un vin qui lui revient à 50 francs l'hectolitre. Combien doit-il en vendre de litres pour gagner 30 francs ?

1194. Un boulanger a fait un jour une recette de 72 francs en vendant 180 kilogrammes de pain. Un autre jour, sa recette a été de 200 francs. Combien a-t-il vendu de kilogrammes de pain ce jour-là ?

PREMIÈRES NOTIONS DES FRACTIONS

159. Une *fraction* est une ou plusieurs parties de l'unité partagée en parties égales.

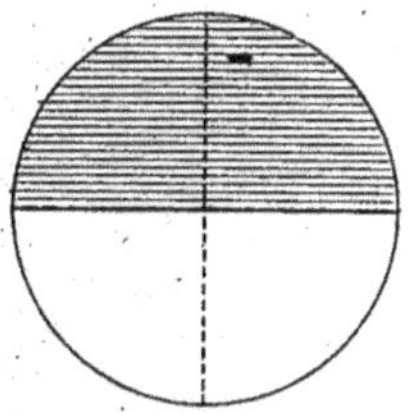

Unité partagée en 2 demis
ou 4 quarts.

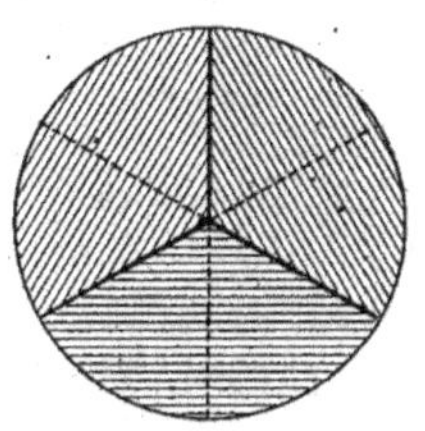

Unité partagée en 3 tiers
ou 6 sixièmes.

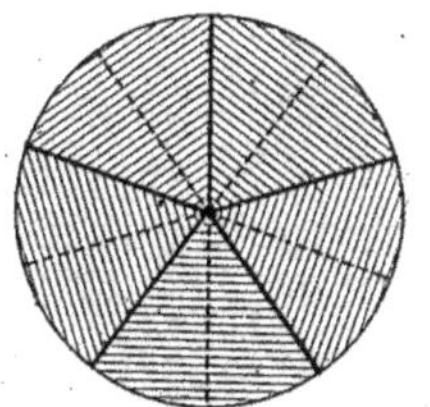

Unité partagée en 5 cinquièmes
ou 10 dixièmes.

Si l'unité est partagée
en 2 parties égales, chaque partie est une moitié ou   1 demi
en 3 parties égales   —   —   1 tiers
en 4 parties égales   —   —   1 quart
en 5 parties égales   —   —   1 cinquième
    etc.

L'unité vaut donc 2 demis, ou 3 tiers, ou 4 quarts, ou 5 cinquièmes, etc.

Une partie de l'unité ou plusieurs parties de l'unité partagée en parties égales, cela fait une *fraction*.

EXEMPLES :

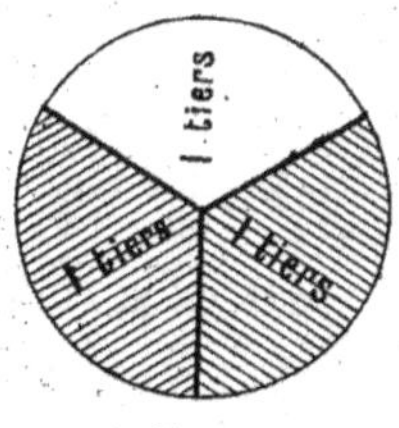

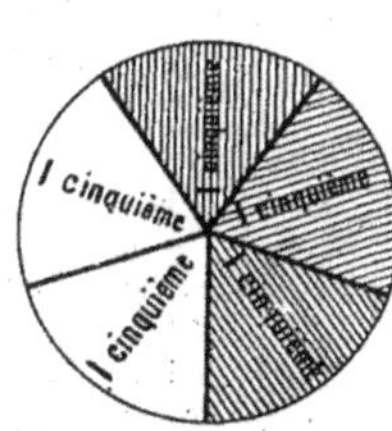

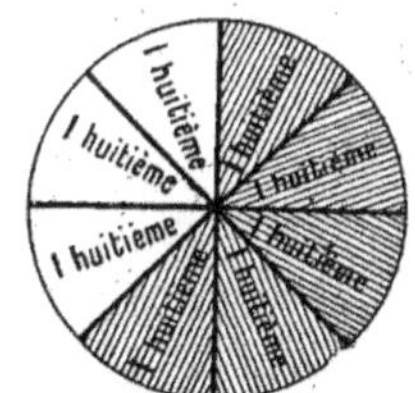

1 tiers,
2 tiers,

2 cinquièmes,
3 cinquièmes,
etc.

3 huitièmes,
5 huitièmes,
etc.

sont des fractions.

160. On écrit les fractions avec deux nombres qu'on place l'un au-dessus de l'autre, en les séparant par un trait horizontal.

EXEMPLES :

$$\frac{1}{3}, \quad \frac{2}{3} \qquad \frac{2}{5}, \quad \frac{3}{5} \qquad \frac{3}{8}, \quad \frac{5}{8}$$

qu'on lit :

1 tiers,	2 cinquièmes,	3 huitièmes,
2 tiers,	3 cinquièmes,	5 huitièmes.

161. Le nombre qui est au-dessus du trait est le **numérateur** ; celui qui est au-dessous est le **dénominateur**.

Le dénominateur indique en combien de parties l'unité a été divisée ; le numérateur indique combien on a pris de ces parties.

EXEMPLE : $\dfrac{3}{5}$ ou **3 cinquièmes.**

162. Comparaison des fractions.

De deux fractions qui ont le même dénominateur, la plus grande est celle qui a le plus grand numérateur.

EXEMPLE : $\dfrac{6}{7}$ est plus grand que $\dfrac{4}{7}$, puisque les parties de l'unité sont les mêmes et que la première fraction en contient 6 tandis que la deuxième n'en contient que 4.

De deux fractions qui ont le même numérateur, la plus grande est celle qui a le plus petit dénominateur.

Soient, comme unités égales, deux feuilles de papier, l'une partagée en 5 cinquièmes, l'autre partagée en 4 quarts.

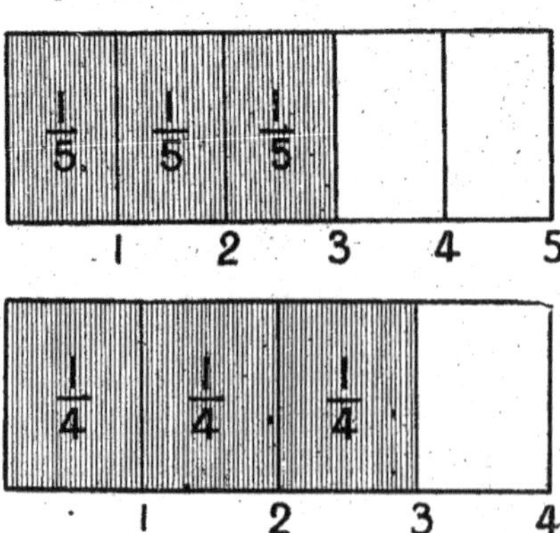

Si on applique la 1re feuille sur la 2e, comme 1 cinquième est plus petit que 1 quart, il en résulte que 3 cinquièmes sont plus petits que 3 quarts. La fraction $\dfrac{3}{5}$ est donc plus petite que la fraction $\dfrac{3}{4}$.

163. *Une fraction devient 2, 3, 4... fois plus grande, quand on multiplie son numérateur par 2, 3, 4...*

Soit la fraction $\dfrac{2}{7}$.

Si on multiplie son numérateur par 3, on a $\dfrac{6}{7}$, fraction qui est formée de 3 fois $\dfrac{2}{7}$.

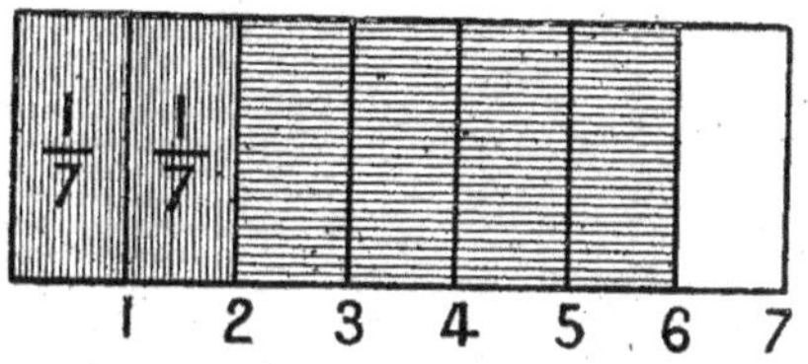

164. *Une fraction devient 2, 3, 4... fois plus petite, quand on multiplie son dénominateur par 2, 3, 4...*

Soit la fraction $\dfrac{6}{7}$.

Si on multiplie son dénominateur par 2, on a $\dfrac{6}{14}$.

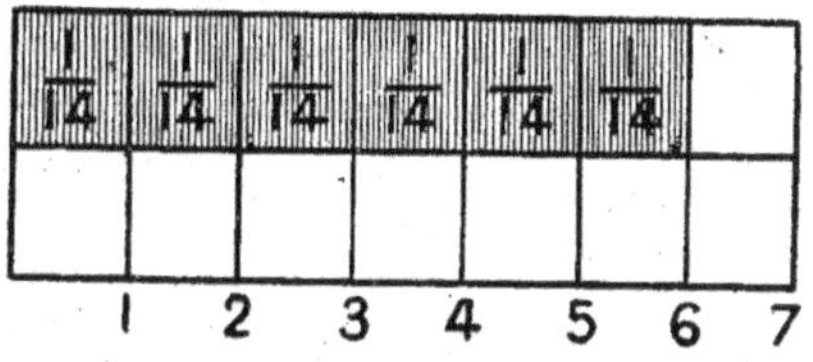

L'unité étant divisée en 7 septièmes par des traits verticaux, si l'on coupe en deux chacun des septièmes par un trait horizontal, on double le nombre des parties, mais chacune devient deux fois plus petite que la précédente. La fraction $\dfrac{6}{14}$ est donc 2 fois plus petite que $\dfrac{6}{7}$.

165. *On ne change pas la valeur d'une fraction en multipliant ses deux termes par un même nombre.*

Soit la fraction $\dfrac{3}{7}$.

Si on multiplie les deux termes par 3, on a $\dfrac{9}{24}$.

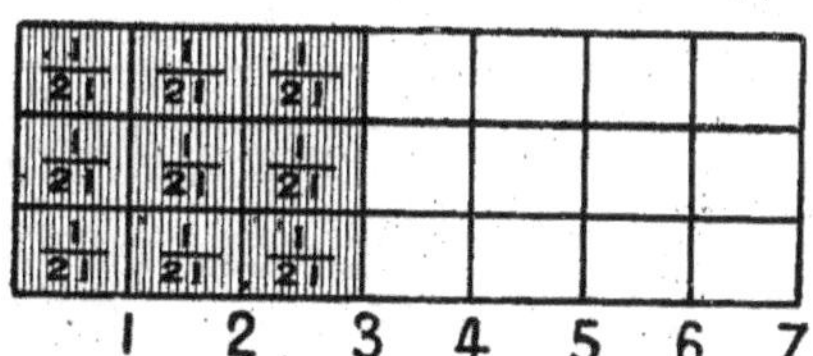

L'unité ayant d'abord été partagée en 7 septièmes par des traits verticaux, si, par des traits horizontaux, on coupe chacun des septièmes en 3 parties égales, on triple le nombre des parties, mais chacune devient 3 fois plus petite que la précédente. La fraction $\dfrac{9}{24}$ est donc égale à la fraction $\dfrac{3}{7}$. La figure indique d'ailleurs clairement que 3 septièmes sont composés de 9 vingt et unièmes.

EXERCICES ORAUX OU ÉCRITS

Combien y a-t-il de moitiés de poire :

1195. dans 1 poire ?	**1196.** dans 4 poires ?
dans 2 poires ?	dans 7 poires ?
dans 3 poires ?	dans 15 poires ?

Combien y a-t-il de tiers de gâteau :

1197. dans 1 gâteau ?	**1198.** dans 5 gâteaux ?
dans 2 gâteaux ?	dans 8 gâteaux ?
dans 3 gâteaux ?	dans 50 gâteaux ?

Combien y a-t-il de quarts de bouteille :

1199. dans 1 bouteille ?	**1200.** dans 5 bouteilles ?
dans 2 bouteilles ?	dans 10 bouteilles ?
dans 3 bouteilles ?	dans 25 bouteilles ?

Combien y a-t-il de cinquièmes de litre :

1201. dans 2 litres ?	**1202.** dans 20 litres ?
dans 3 litres ?	dans 50 litres ?
dans 12 litres ?	dans 100 litres ?

1203. Combien y a-t-il de moitiés de pommes :
     1° dans 3 pommes 1/2 ?   2° dans 2 pommes 1/2 ?
Combien y a-t-il de tiers d'oranges :
     1° dans 4 oranges 1/3 ?   2° dans 5 oranges 2/3 ?

1204. Combien y a-t-il de quarts de litre :
     1° dans 6 litres 1/4 ?   3° dans 7 hectol. 3/4 ?
     2° dans 3 litres 1/2 ?   4° dans 8 doubles litres ?

1205. 1° Combien 8 demi-mètres font-ils de mètres ?
     2° Combien 6 demi-heures font-elles d'heures ?
     3° Combien 12 tiers d'orange font-ils d'oranges ?
     4° Combien 20 quarts de feuille font-ils de feuilles ?

206. 1° Combien une demi-heure vaut-elle de quarts d'heure ?
     2° Combien 9 quarts de mètre font-ils de demi-mètres ?
     3° Combien 7 quarts d'heure font-ils de demi-heures ?
     4° Combien 15 demi-litres font-ils de litres ?

1207. Combien y a-t-il de sixièmes de page :
     1°   dans une demi-page ?
     2°   dans un tiers de page ?
     3°   dans 3 pages ?

1208. Combien y a-t-il de huitièmes de botte de paille :

    1° dans une demi-botte ?   2° dans trois quarts de botte ?
    3° dans un quart de botte ?   4° dans une botte et demie ?

1209. Combien y a-t-il de dixièmes de kilogramme :

    1°   dans un demi-kilogramme ?
    2°   dans un cinquième de kilogramme ?

Combien y a-t-il de centièmes de mètre cube :

    1°   dans un dixième de mètre cube ?
    2°   dans un cinquième de mètre cube ?

1210. Une propriété est partagée en 4 parties égales. Une personne achète 3 de ces parties ; quelle fraction de la propriété a-t-elle acquise ?

1211. Un jeune homme possédait 300 francs ; il a acheté des meubles et il ne lui reste plus que 100 francs ; quelle fraction de son avoir a-t-il dépensée ?

1212. Qu'est-ce que :

    1° 1 comparé à 2 ?   2°   5 comparé à 20 ?
        2 »   à 6 ?   10   »   à 100 ?
        3 »   à 12 ?   25   »   à 100 ?

1213. Quelle fraction :

    1° de 4 est 1 ?   2° de   20 est 15 ?
        de 3 est 2 ?   de   100 est 60 ?
        de 6 est 5 ?   de   100 est 75 ?

1214. 1° Combien 4 sixièmes de pomme font-ils de tiers de pomme ?

2° Combien 6 huitièmes de poire font-ils de quarts de poire ?
3° Combien 8 dixièmes de mètre font-ils de cinquièmes de mètre ?
4° Combien 9 douzièmes d'heure font-ils de quarts d'heure ?

1215. Lire les fractions :

$$\frac{1}{2}, \quad \frac{1}{3}, \quad \frac{1}{4}, \quad \frac{1}{5}, \quad \frac{1}{6}, \quad \frac{1}{7}, \quad \frac{1}{8}$$

1216. Lire les fractions :

$$\frac{2}{3}, \quad \frac{3}{4}, \quad \frac{4}{5}, \quad \frac{5}{6}, \quad \frac{3}{8}, \quad \frac{5}{9}, \quad \frac{7}{10}$$

Calculer :

1217. $\frac{1}{3}$ de 30 | **1218.** $\frac{1}{4}$ de 56 | **1219.** $\frac{1}{9}$ de 63

$\frac{1}{2}$ de 50 | $\frac{1}{5}$ de 60 | $\frac{1}{7}$ de 35

$\frac{1}{4}$ de 100 | $\frac{1}{6}$ de 120 | $\frac{1}{8}$ de 40

$\frac{1}{5}$ de 100 | $\frac{1}{4}$ de 200 | $\frac{1}{8}$ de 96

$\frac{1}{3}$ de 45 | $\frac{1}{3}$ de 75 | $\frac{1}{9}$ de 108

Calculer :

1220. $\frac{1}{8}$, puis $\frac{5}{8}$ de 40 | **1221.** $\frac{1}{3}$, puis $\frac{1}{9}$ de 18

$\frac{1}{3}$, puis $\frac{2}{3}$ de 30 | $\frac{1}{3}$, puis $\frac{1}{6}$ de 30

$\frac{1}{5}$, puis $\frac{3}{5}$ de 100 | $\frac{1}{4}$, puis $\frac{1}{8}$ de 24

$\frac{1}{4}$, puis $\frac{3}{4}$ de 100 | $\frac{1}{4}$, puis $\frac{1}{12}$ de 60

$\frac{1}{2}$, puis $\frac{1}{4}$ de 20 | $\frac{1}{9}$, puis $\frac{4}{9}$ de 36

Chercher les :

1222. $\frac{5}{6}$ de 54 | **1223.** $\frac{7}{12}$ de 60

$\frac{2}{5}$ de 30 | $\frac{5}{9}$ de 90

$\frac{3}{5}$ de 40 | $\frac{7}{10}$ de 100

$\frac{3}{4}$ de 60 | $\frac{3}{7}$ de 35

$\frac{7}{8}$ de 56 | $\frac{8}{9}$ de 180

1224. Quelle est la somme

      dont la moitié est 25 francs ? — C'est $25^f \times 2$.
      dont le tiers est 20 francs ?
      dont le quart est 15 francs ?
      dont le cinquième est 3 francs ?

1225. Quelle est la somme

      dont les deux tiers sont 6 francs ?
        1 tiers de la somme est $6^f : 2 = 3$.
        La somme est $3^f \times 3$.

      dont les trois quarts sont 9 francs ?
      dont les quatre cinquièmes sont 16 francs ?
      dont les cinq huitièmes sont 35 francs ?

1226. 1° Un enfant avait 1 franc ; il a dépensé les trois quarts de cette somme. Combien lui reste-t-il ?

    Il lui reste 1 quart de franc ou $1^f : 4$.

2° Un berger qui a perdu le tiers de son troupeau a encore 20 moutons ; combien en avait-il ?

 Il lui reste 2 tiers de son troupeau et ces 2 tiers font 20 moutons, 1 tiers est donc $20^m : 2 = 10$ moutons.
  Il avait $10^m \times 3$.

1227. Les bouteilles ordinaires contiennent les 3/4 d'un litre : 1° Dire, en centilitres, quelle est leur contenance ? 2° Combien 20 de ces bouteilles valent-elles de litres ?

1228. Un ruban avait $2^m,40$ de longueur. On en a coupé les deux tiers. Quelle longueur en reste-t-il ?

Il en reste 1 tiers, c'est-à-dire $2^m,40 : 3$.

1229. Un tonneau contenait 200 litres de vin ; on en a tiré les trois cinquièmes. Combien reste-t-il de litres de vin dans le tonneau ?

1230. Un robinet emplirait une cuve en 2 heures ; combien mettra-t-il de temps pour en emplir les trois quarts ?

1231. Un ouvrier fait 6 mètres d'ouvrage en 3 quarts d'heure ; combien fait-il de mètres en 1 heure ?

Notions de Géométrie

LE CYLINDRE ET LA SPHÈRE

166. Un **cylindre** est un solide rond terminé par deux cercle et dont la circonférence mesurée en un point quelconque est par tout la même.

EXEMPLE : Un rouleau, un tuyau de poêle.

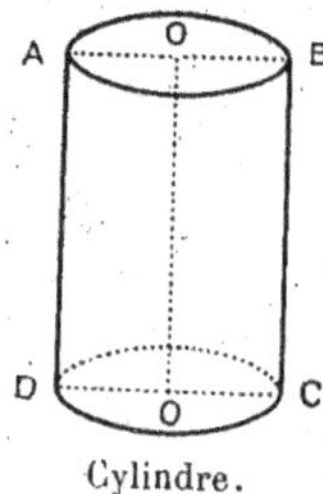

Cylindre.

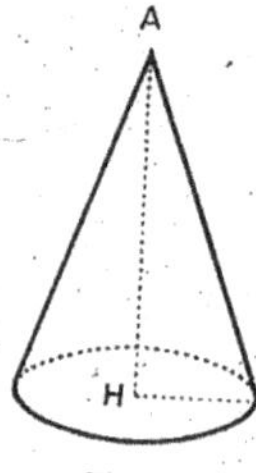

Cône.

167. Un **cône** est un solide terminé en pointe et dont la base est un cercle.

EXEMPLE : Un pain de sucre.

168. Une **sphère** est un solide tel que tous les points de sa surface sont également distants d'un point intérieur qui est le centre de la sphère.

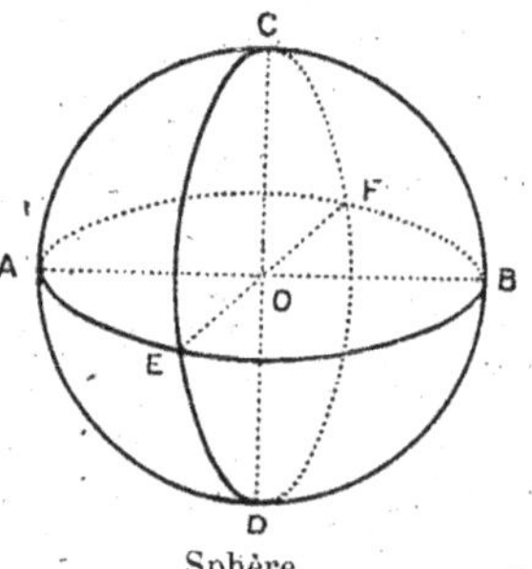

Sphère.

EXEMPLES : Une bille, un ballon, un globe géographique.

La Terre, la Lune, le Soleil et les étoiles sont aussi des sphères.

169. Tout cercle tracé à la surface de la sphère, et dont le diamètre est celui de la sphère, s'appelle un *grand cercle.*

170. Tout grand cercle partage la sphère en deux moitiés : chacune de ces moitiés s'appelle un **hémisphère**.

PROBLÈMES DE REVISION GÉNÉRALE

1232. Un marchand achète 2 douzaines de chapeaux qu'il revend 390 francs en gagnant 3ᶠ,50 sur chacun. Combien lui coûtait un chapeau ?

1233. On échange 60 mètres de drap contre 450 mètres de toile à 1ᶠ,80 le mètre. Quel est le prix du mètre de drap ?

1234. Trois frères ont à se partager 8 460 francs ; le plus jeune doit avoir 2 540 francs ; le deuxième, 1 200 francs de plus. Quelle sera la part du troisième ?

1235. Un gouvernement consacre un crédit de 1 million à l'achat de chevaux dont le prix moyen sera de 640 francs. Combien aura-t-on de chevaux pour cette somme ?

1236. 20 œufs pèsent 1 kilogramme. Quel est le poids d'un millier d'œufs ?

1237. Mon frère et moi, nous avons ensemble 50 francs ; mais mon frère a 2ᶠ,20 de plus que moi. Combien avons-nous l'un et l'autre ?

1238. 4 litres de vin ont coûté 2ᶠ,60. Combien coûteront : 1° 25 litres ? 2 100 litres de ce vin ?

1239. 5 litres de vin ont coûté 3ᶠ,50. Combien en aurait-on de litres : 1° pour 14 francs ? 2° pour 350 francs ?

1240. Un mémoire de maçonnerie s'élève à 7 000 francs. A combien sera-t-il abaissé après une réduction de 20 pour 100 ?

        20 pour 100, c'est 20 francs par 100 francs.

1241. Je dois recevoir 780 francs en 3 payements, dont le premier sera double de chacun des deux autres. Dire le montant de chaque payement.

1242. Un débitant vend 0ᶠ,60 le litre un vin dont la pièce de 220 litres lui revient à 105ᶠ,60. Combien gagne-t-il par litre ?

1243. On verse 3 litres d'eau dans un vase qui contient 25 litres d'un vin à 0ᶠ,70 le litre. A combien revient le litre du mélange ?

1244. Quand le sucre vaut 0ᶠ,90 le kilogramme, combien doit-on en avoir de grammes : 1° pour 0ᶠ,45 ? 2° pour 0ᶠ,60 ?

1245. Le demi-kilogramme de viande valant 1ᶠ,20, combien le boucher doit-il faire payer un morceau de 400 grammes ?

1246. Si je vous donnais le quart de ce que j'ai, je n'aurais plus que 15 francs. Combien ai-je ?

1247. Un employé dépense par an 1 290 francs pour sa nourriture et son entretien ; il paye 600 francs de loyer et il économise 210 francs. Combien gagne-t-il par mois ?

1248. Deux voitures partent ensemble du même point et suivent la même route : la première parcourt 10 kilomètres à l'heure, la deuxième 8^{km},5. A quelle distance seront-elles l'une de l'autre au bout de 3 heures ?

1249. Une marchande gagne 0^f,06 sur 3 poires qu'elle **vend.** Combien doit-elle en vendre par jour pour gagner 2^f,50 ?

1250. Un robinet donne 720 litres d'eau en 3 heures ; combien en donne-t-il en un quart d'heure ?

1251. Un paquet de 25 aiguilles est vendu 20 centimes. Combien aura-t-on d'aiguilles pour 1 franc ?

1252. Un marchand de bœufs en a acheté 35 à 540 francs l'un ; il les a revendus tous pour 20 300 francs ; combien gagne-t-il par bœuf ?

1253. On a mis dans un tonneau 30 litres de vin à 0^f,60 le litre, et 70 litres de vin à 0^f,90 le litre. Quel est le prix d'un litre du mélange ?

1254. La douzaine de serviettes valant 15 francs, combien aurait-on de serviettes pour 100 francs ?

1255. Pour faire 15 chemises, il a fallu 40 mètres de calicot à 0^f,80 le mètre, 0^f,60 de fil, 0^f,75 de boutons et on a payé 18 francs de façon. A combien revient une chemise ?

1256. Un jeune homme fume 0^f,25 centimes de tabac en deux jours. Quelle dépense inutile fait-il ainsi par an ?

1257. J'achète dans une vente publique une armoire de 84 francs ; mais j'ai à payer 5 p. 100 de frais. A combien me revient l'armoire ?

5 p. 100, c'est 5^f de frais par 100^f d'achat.

1258. Le demi-décalitre de pommes de terre est vendu 35 centimes. Combien payerait-on pour 27 hectolitres ?

1259. J'ai acheté 200 litres de vin à 0^f,60 le litre. Si j'avais acheté du vin à 0^f,50 le litre, combien en aurais-je eu de litres pour le prix du premier vin ?

1260. Un homme qui possédait 24 000 francs a perdu le tiers de cette somme, puis le quart du reste. Combien a-t-il encore maintenant ?

1261. Un marchand a une pièce de drap de 48 mètres qui lui a coûté 420 francs. Il en vend une moitié à 10 francs le mètre et l'autre moitié à 10^f,50 le mètre. Combien a-t-il gagné ?

1262. Deux maisons valent ensemble 18 000 francs. La première étant estimée 1 600 francs de plus que l'autre, calculer la valeur de chacune.

1263. Un sac de blé de 2 hectolitres pèse 156 kilogrammes et 100 kilogrammes de blé donnent 75 kilogrammes de farine. Combien ce sac de blé donnera-t-il de farine ?

1264. Un ouvrier reçoit 150 francs pour 25 jours de travail. Combien recevrait-il : 1° pour 250 jours de travail ? 2° pour 200 jours de travail ?

1265. J'ai consacré 69^f,60 à l'achat de serviettes à 1^f,45 l'une. Combien en ai-je acheté de douzaines ?

1266. Le périmètre (pourtour) d'un carré est de 340 mètres ; quelle en est la superficie ?

Il faut chercher le côté du carré en divisant son périmètre par 4 et multiplier le côté trouvé par lui-même. Le produit exprime des mètres carrés.

1267. Un boulanger qui vend le pain 0^f,225 le demi-kilogramme, a fait, un jour, une recette de 108 francs. Combien avait-il vendu de kilogrammes de pain ?

Le prix du kilogramme de pain est   0^f,225 $\times$ 2 = 0^f,45.
Nombre de kilogrammes de pain vendus   108 : 0,45

1268. Que pèse une somme de 37^f,80 ainsi formée : 7 pièces de 5 francs, 1 pièce de 2 francs, 1 pièce de 50 centimes et 30 centimes en monnaie de bronze ?

1269. J'ai payé 9^f,75 pour 15 kilogrammes de sucre ; combien aurais-je payé pour 40 kilogrammes ?

1270. On a versé 25 litres d'eau dans un tonneau qui renfermait 180 litres de vin à 0^f,75. A combien revient un litre de ce mélange ?

1271. Un journal quotidien de 5 centimes est tiré et vendu en moyenne à 57 000 exemplaires. Quelle somme produit par an la vente de ce journal ?

1272. On mélange 80 litres d'un vin à 0^f,70 le litre avec 120 litres d'un vin à 0^f,50. Quel sera le prix d'un litre du mélange ?

1273. J'achète 600 fagots à 35 francs le cent, et je paye un dixième en plus pour les frais. Combien ai-je à payer en tout ?

1274. Combien faut-il de dalles rectangulaires de 0m,80 de long sur 0m,50 de large pour couvrir le sol d'une cour carrée de 10 mètres de côté ?

Chercher la surface d'une dalle 0,80 × 0,50 et diviser la surface de la cour (10 × 10) par la surface d'une dalle.

1275. Un marchand vend 13f,50 le mètre d'un drap qui lui revient à 12 francs le mètre. Il calcule que sur une pièce qu'il a ainsi vendue, il a gagné 60 francs. Quelle était la longueur de la pièce ?

1276. J'ai dans ma cave 100 bouteilles en deux tas : dans le premier tas il y a 20 bouteilles de plus que dans l'autre. Combien y a-t-il de bouteilles dans chaque tas ?

1277. Une roue fait 3 tours en 5 secondes ; une autre en fait 7 en 9 secondes. Combien chacune fait-elle de tours à l'heure ?

1278. Une mine de houille fournit par an 6 500 000 kilogrammes de charbon, qu'on vend 34 francs les 1 000 kilogrammes. Quel est le produit de cette mine ?

1279. Un tonneau plein d'eau pèse 68 kilogrammes ; quand il ne contient que 10 litres d'eau, il pèse 18 kilogrammes. Combien pèse-t-il vide, et quelle est sa contenance ?

1280. On veut entourer d'un treillage un jardin rectangulaire de 19 mètres de long sur 15 mètres de large. Que coûtera ce treillage à raison de 2 francs le mètre ?

1281. Une salle est éclairée par 5 becs de gaz qui en consomment chacun 150 litres à l'heure. Quelle est la dépense d'éclairage pour une soirée de 5 heures, sachant que le mètre cube de gaz se paye 0f,20 ?

1282. Une pièce de toile avait 72 mètres ; il n'en reste plus que le sixième. Quelle longueur en a-t-on coupée ?

1283. Un ouvrier qui gagne 5 francs par jour travaille 26 jours par mois ; il dépense 4f,50 par jour. Quelle est sa situation au bout de six mois ? Doit-il quelque chose ou possède-t-il une avance, et quelle est sa dette ou son avance ?

1284. Un petit enfant ne peut guère porter que 8 kilogrammes. Quelle somme en monnaie d'argent pourrait-il porter ?

1285. A combien revient le litre du mélange suivant :

40 litres de vin à 0ᶠ,50 le litre,
50 litres de vin à 0ᶠ,80   —
10 litres d'eau?

1286. Avec 25 litres de lait, on fait 2 kilogrammes de beurre. Combien fera-t-on de beurre avec 325 litres de lait?

1287. Un épicier a acheté 150 kilogrammes de café à 3ᶠ,80 le kilogramme. A quel prix doit-il revendre le kilogramme pour gagner 90 francs sur son achat?

1288. Un cultivateur a récolté 375 gerbes de blé dans un champ et les 2/3 de cette quantité dans un autre champ. Combien a-t-il récolté de gerbes en tout?

1289. En vendant un tonneau de vin de 225 litres à raison de 0ᶠ,60 le litre, on gagne 18ᶠ,50. Si on le vendait 0ᶠ,55 le litre, combien gagnerait-on?

En vendant le litre 0ᶠ,55, au lieu de 0ᶠ,60, on gagnerait 0ᶠ,05 de moins par litre.
On gagnerait donc   0ᶠ,05 × 225   de moins que   18ᶠ,50,   etc.

1290. Deux ouvriers ont gagné ensemble 264 francs en 24 jours. Le premier gagne par jour 1 franc de plus que l'autre. Quel est le salaire de chacun?

1291. Quel est le poids de l'eau qui remplit une cuve à base rectangulaire dont les dimensions intérieures sont : longueur, 0ᵐ,50; largeur, 1 mètre; profondeur, 0ᵐ,80?

1292. 15 barriques d'huile de même contenance ont coûté 585 francs. Sachant que l'hectolitre d'huile vaut 65 francs, dire la contenance de chaque barrique.

1293. Une marchande achète deux mottes de beurre pour 73ᶠ,20; la première pèse 15 kilogrammes et vaut 2ᶠ,80 le kilogramme; la deuxième vaut 2ᶠ,60 le kilogramme. Quel est son poids?

1294. Un épicier a payé 137ᶠ,50 pour 100 paquets de chocolat de chacun 1 demi-kilogramme. Combien gagne-t-il sur le tout en vendant le paquet 1ᶠ,60?

1295. Deux pièces de drap de même qualité ont coûté, l'une 360 francs, l'autre 342 francs. La 2ᵉ ayant 2 mètres de moins que l'autre, dire la longueur de chaque pièce.

1296. Un marchand a vendu des foulards à 4 francs et des cravates à 2 francs, autant de foulards que de cravates. Sa recette est de 42 francs. Combien a-t-il vendu de foulards et combien de cravates ?

1297. Une gerbe de blé fournit environ 3 litres de grain. Combien fera-t-on de sacs de 2 hectolitres avec la récolte d'un champ qui a produit 785 gerbes ?

1298. Un ouvrier qui gagne 6^f,50 par jour, travaille 26 jours par mois. S'il dépense en moyenne 4^f,60 par jour, combien lui reste-t-il au bout de l'année ? (Compter les mois de 30 jours.)

1299. Une automobile qui fait 45 kilomètres à l'heure a parcouru une distance de 90 kilomètres. Elle arrive à midi. A quelle heure arrivera une voiture qui est partie en même temps et a fait le même chemin à raison de 10 kilomètres à l'heure ?

1300. On a payé 81 francs pour 30 mètres de calicot et 30 mètres de toile. Sachant que le prix du mètre de calicot est la moitié du prix du mètre de toile, dire le prix total de l'un et de l'autre tissu.

Le prix des 30^m de calicot est égal au prix de 15^m de toile.

LISTE DES SOLUTIONS INDIQUÉES ET DES PROBLÈMES-TYPES

La division mensuelle des diverses parties du programme, formant **table des matières,** *est placée en tête du livre.*

14037-11. — CORBEIL. IMPRIMERIE CRÉTÉ